365

매일 쓰는
메모 습관

365

매일 쓰는
메모 습관

조병천 지음

북허브

넘쳐나는 정보와 지식은 자칫 우리를 풍요 속의 빈곤 상태로 몰아넣을 수도 있다. 효과적인 메모법을 지니고 있는가의 여부가 이에 상당히 중요한 변수가 된다고 하겠다. 저자는 특히 '메모의 핵심은 활용에 있다'는 관점에서 메모의 중요성을 역설하고 있다. 그의 주장에 귀 기울여 보면 메모를 어떻게 활용할 것인가에 대한 답이 보인다.

이경재_성과향상센터 대표

합리적이고 실천적이며, 무엇보다 국내의 비즈니스 환경에 적합한 현실적인 메모법들을 제시하며 도와주는 꼭 필요한 책이 나왔음을 진심으로 환영하는 바이다. 그간 메모계의 고수로 주목받던 조병천, 조코치의 이 책은 창의적인 인재가 되고자 노력하는, 진정한 프로페셔널로 거듭나기를 바라는 모든 이들에게 필독서가 될 것이라고 확신한다. 바로 당신을 위한 책이다.

곽동수_한국사이버대학교 교수/칼럼니스트

디지털 도구를 활용한 자기계발 연구를 오랜 기간 해온 조병천 님의 강의를 수 차례 접한 경험 때문인지, 바로 앞에서 강의를 듣고 있는 것 같았다. 직장인들의 업무 능력 향상을 위한 두 가지 요소를 꼽으라고 한다면 시간 관리 능력과 정보 관리 능력을 들 수 있을 텐데, 이 책은 정보 관리 능력의 기본인 메모에 대해 일목요연하게 잘 설명해주고 있다.

저자의 활용 사례를 아날로그 도구뿐만 아니라 디지털 도구에 이르기까지 실제 사진과 함께 볼 수 있고, 중간 중간 시트콤 드라마 같은 상황에 따라 핵심을 짚어주는 내용 전개로 재미있게 읽을 수 있어서 메모의 중요성과 실천 방법을 쉽게 파악할 수 있게 해주는 점이 이 책의 큰 장점이다. 효과적인 메모 도구를 선택하거나 메모 습관을 고쳐보고자 하는 분들께 좋은 길잡이가 될 것이라고 생각한다.

전경수_오피스튜터 대표

왕성하게 사회생활을 했던 내 젊은 시절을 돌이켜보면 뭔가 체계적으로 일하는 것이 부족했던 것 같다. 수십 년간의 경험이 쌓이면서 하루하루를 정리하는 습관이 생기게 되었고, 이를 가능하게 했던 것이 바로 메모이다.

　메모의 중요성은 아무리 강조해도 지나침이 없다. 게다가 그 메모를 활용하는 것이야말로 성공에 이르는 가장 중요한 지름길이었던 것으로 생각된다. 그래서 지금도 수첩, PDA 등의 메모 도구를 항상 들고 다닌다. 정보의 홍수 속에서 그것을 메모하고 활용하게 해 주는 이 책이야말로 내일을 준비하는 모든 비즈니스맨과 샐러리맨, 그리고 21세기의 주역인 학생들에 이르기까지 모든 이들에게 성공의 시금석이 될 것으로 확신한다.

허진호_(주)네오위즈인터넷 대표이사

메모의 목적이 바뀌고 있다
– 단순한 기록에서 지식화 사회의 필수가 된 메모

당신이 지금 이 글을 읽고 있다면 분명 사회생활을 하면서 메모에 대한 필요성을 절실히 느꼈기 때문일 것이다. 한때는 메모라고 하면, 어떤 내용을 전달해 주거나 잊지 않기 위해 적어 두었다가 다시 보는 정도로만 여겨졌다. 하지만, 성공한 사람들이 수많은 정보를 어떻게 습득하고 관리하며 이를 활용하는지에 대한 것들이 조금씩 공개되고, 전반적 사회의 흐름이 정보화 사회에서 지식화 사회로 넘어가면서 메모에 대한 관심과 중요성이 더욱 높아지고 있다. 이는 메모관련 서적들이 한때 베스트셀러의 맨 꼭대기까지 올라간 것만 봐도 알 수 있다.

서점에 가보면 메모에 관한 서적들이 이미 많이 출간되어 있다. 그럼에도 불구하고 이렇게 메모에 관한 책을 출간하게 된 것은, 메모의 목적이 바뀌고 있는데도 사람들은 여전히 단순히 메모를 잘하게 하는 스킬에만 집중하고 있기 때문이다. 물론 이 책에서도 메모에 대한 스킬을 다루고 있기는 하다. 아무래도 메모 그 자체에 대한 스킬이 기본이 되기 때문이다. 하지만, 아무리 잘 메모한 것이라도 그것이 활용되지 못한다면 아무런 의미 없는 쓰레기에 지나지 않는다는 것을 알아야 할 것이다. 따라서 이 책 후반에는 열심히 메모한 내용을 축적하여 자신의 지식 데이터베이스로 만들고 이를 활용하여 창의적인 것을 만들어 내는 것에 중점을 두었다.

이 책을 하루에 다 읽는 것도 좋지만, 책을 읽어 나가면서 자신에게 필요한 메모 도구를 갖추고 실제로 메모를 해 나가면서 그 효과를 위해 실행해 보기를 바란다. 이런 실천이 없다면 이 책을 읽는 것은 헛된 시간낭비가 되고 말 것이다. 다시 한 번 강조하지만, 모든 자기계발에서 가장 중요한 덕목은 실천이다. 이는 아무리 강조하고 또 강조해도 부족함이 없을 것이다.

모쪼록 이 책과 함께 메모를 해 나가면서 좀 더 나은 사회생활을 영위하고, 또한 그것이 자기계발의 첫 번째 단초가 되길 기원한다.

2009년 9월

조병천

왜
메모에
집중해야
하는가?

지식화 사회에 접어들면서 메모에 대한 사람들의 인식이 급속도로 바뀌어가고 있다. 그 이전에도 메모에 대한 중요성이나 방법론에 대한 책들이 많이 출간되기는 했지만 사람들에게 메모에 대한 필요성에 대해 어필하지 못했고, 단순히 수첩이나 다이어리 또는 플래너와 같은 도구를 좀 더 잘 활용할 수 있는 하나의 방법으로만 생각들 해 온 것이 사실이다. 하지만, 주변 모든 정보를 중심으로 자신만의 지식 기반을 만들어 갈 수 있는 도구로 메모가 떠오르면서 상황은 반대로 변했다. 즉 기존 도구 중심에서 메모 중심으로 하여 메모를 위해 자신에게 맞는 도구를 찾게 한 것이다.

'뭐야, 도대체 일을 하자는 거야, 말자는 거야? 내가 지난번 회의 때 휴가철에 출시할 신상품 계획서를 분명히 어제까지 내라고 말했는데, 자네 도대체 뭘 한 거야? 당장 가서 계획서 작성하고 내일까지 제출해. 이번에도 제출 안 하면 회사 나올 생각도 하지 마. 알았어? 어이구, 저 답답한 화상…'

'에휴, 오늘도 죽도록 깨지는구나…. 근데 언제 계획서를 제출하라고 했지? 전혀 기억나지 않는데 말이야…'

아침에 출근하자마자 부장님에게 호출 당해서 무참히 깨진 이대리. 머리를 갸우뚱하며 지난 회의 시간에 나왔던 이야기들을 기억해 내려고 애를 쓰고 있는데, 마침 입사 동기이자 이대리 직속 상사인 박과장이 지나간다.

"야, 박과장!"

입사 동기이기는 하지만, 자신의 부하직원인 이대리가 큰 소리로 자신을 존대 없이 부르자 박과장은 좀 당황한다.

"이, 이대리 여긴 회사야. 밖에서나 그렇게 불러. 다른 사람들이 보면 어쩌려고 그러냐? 지난번에도 그렇게 부르다가 부장님에게 그렇게 깨지고도 또 그러냐?"

"아, 미안. 그건 그렇고 지난번 회의 있잖냐."

"회의? 아, 회의는 왜? 혹시 신상품 계획서 부장님에게 제출 안한 것 아니냐?"

"응, 그것 때문에 지금 부장님에게 아침부터 불려 갔다. 근데 아무리 생각해도 신상품 계획서 제출하라고 했던 말이 기억 안 나는 거 있지."

이대리의 말에 박과장은 어이없어 하는 표정을 하며 말한다.

"야, 이대리. 그러니까 네 머리만 믿지 말고 제발 메모 좀 해라, 메모!"

"메모? 내 똑똑한 머리 놔두고 뭐 하러 귀찮게 그런 걸 하냐. 메모 같은 것 가지고 뭘 하겠다고…."

이대리의 말에 박과장은 어이없다는 표정을 지으며 자기 자리로 돌아간다.

1.메모의 필요성

　자고 일어나면 새로운 정보와 지식으로 가득해지는 지금은, 자본이나 기술을 넘어 적시적소에 필요한 정보나 지식을 요구하는 지식화 사회이다. 이런 사회에 적응하기 위해서는 자신이 직접 많은 정보를 수집해야 하고 이를 지식화 및 전문화하여 창의성을 높여야 할 뿐만 아니라 새로운 아이템을 창출해 가야 한다.

　하지만, 우리 머릿속에 저장할 수 있는 정보의 용량은 한정되어 있고 오랜 시간 동안 보관하지도 못한다. 이를 억지로 넣어놓고 필요에 따라 기억해 내려고 한다면 아마 하루 종일 두통에 시달리고 말 것이다.

　정보가 만들어지고 유입되는 곳은 너무나도 많다. 주변사람들, 인터넷, 언론매체, 전시회뿐만 아니라 자기 자신으로부터도 정보가 나올 수 있다. 이렇게 무수히 들어오는 정보를 쉽고 빠르게 취합할 수 있는 것이 바로 메모다. 메모는 이런 정보를 수집함에 있어 가장 기초적이고 효율적인 역할을 할 수 있는 수단으로 떠오르고 있다.

하지만, 지금도 자신의 기억에만 의존하는 사람이 많다. 어떻게 보면 메모의 필요성에 대해 알고는 있지만, 귀찮은 나머지 메모할 엄두조차 내지 못하거나, 아직도 필요성을 느끼지 못하는 경우이다. 여러분도 한두 번 쯤은 자신의 기억력에만 의존하다가 큰 문제에 봉착하거나 낭패를 본 적이 있을 것이다. 어쩌면 그런 경험조차도 생각나지 않을 수 있다. 어떤 내용을 기억하고 있다고 해서 그 내용이 항상 머릿속에 남아 있는 것은 아니다.

독일 심리학자 에빙하우스의 '망각의 곡선'을 보면 사람이 어떤 것을 기억한 경우 처음에는 그 내용을 100% 기억하고 있지만, 시간이 지나면서 그 기억력이 떨어지는 것을 볼 수 있다.

경과시간	기억력
0	100%
20분	58%
1시간	44%
9시간	36%
6일	25%
31일	21%

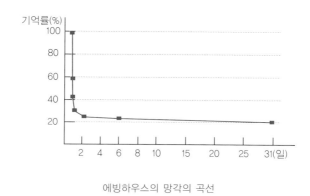

에빙하우스의 망각의 곡선

　　망각의 곡선을 보고 어떤 사람들은 '반복적으로 기억하면
되지 않겠는가?' 라는 질문을 하기도 한다. 물론 반복적으로
계속해서 기억하면 기억력을 유지할 수 있겠지만, 그 사람은
그 내용만 평생토록 반복적인 학습만 해야 할 것이다. 반면
메모를 하는 사람은 단 한 번의 메모로 평생 100%의 기억 효
과를 가질 수 있다.

'**헬로우**, 마이 네임 이즈 이대뤼."

점심시간을 이용해서 열심히 영어공부를 하는 이대리. 지나다가 이를 지켜보던 박과장이 한 마디 던진다.

"야, 이대리. 지금 뭐하냐?"

"히히, 이 글로벌한 시대에 영어는 기본 아니냐? 그래서 간만에 공부 좀 한다. 아, 좀 전에 뭐였더라? 이그, 박과장! 나 공부할 때 말 시키지 마라. 금세 잊어버렸잖아."

박과장이 말을 걸어 겨우 외운 영어문장을 잊어버렸다고 투덜거리는 이대리에게 박과장이 진심어린 충고를 건넨다.

"이대리, 영어공부 할 때도 무조건 책만 보면서 외우지 말고 종이에다 쓰면서 해봐. 그럼 문장도 외워지고 단어의 철자까지 단번에 외울 수 있다구."

박과장의 조언에 이대리는 인상을 찌푸린다.

'에이, 저 녀석 또 잘난 척이네. 응? 가만… 그래, 밑져 봐야 본전이지. 녀석의 말대로 한 번 해 볼까나?'하며 책상 서랍에서 수첩을 꺼내어 한 문장씩 써가며 외우기 시작한다.

퇴근시간이 임박하자 계속 시계만 뚫어지게 보던 이대리, 오늘도 어김없이 6시가 되자 자리를 박차고 칼퇴근하는 이대리에게 박과장이 기억을 환기시킨다.

"이대리, 오늘도 칼퇴근이냐? 신상품 계획서는 제출했어?"

"앗! 맞다. 아이고, 어떡하냐? 오늘 중요한 약속이 있는데, 힝…."

난처해하는 이대리에게 박과장이 다시 질문을 던진다.

"그리고 아까 영어 공부하던 거, 문장 기억 나냐?"

"아, 영어…. 기억난다, 기억나. All that glitters is not gold."

"그렇지? 종이에 써가면서 외우니깐 잘 외워지지?"

"응, 그러네."

"그게 메모의 힘이야. 그러게 신상품 계획서 제출하는 것도 메모해 두었으면 지금 퇴근할 수 있었을 것 아니야."

"에휴…. 이럴 줄 알았으면 나도 메모 좀 할걸."

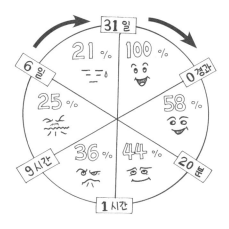

2. 메모는 기억력을 향상 시킨다

　메모를 하게 되면 메모한 것들만 의존하기 때문에 기억력이 감소할 수 있다고 생각하기 쉽다. 하지만 실제로는 정반대의 효과를 얻게 된다. 학창시절을 한번 떠올려 보자. 중간고사나 기말고사와 같은 큰 시험을 앞두고 한참 시험공부를 할 때, 연습장에 깨알 같이 작은 글씨로 빡빡하게 외워야 할 내용을 반복해서 써 가며(일명 빡빡이) 공부했던 기억이 누구나 있을 것이다. 필자의 경우에는 이 방법이 그냥 책이나 참고서를 보며 외웠을 때보다 매우 효과적이었고 성적 또한 기대 이상으로 나올 때가 많았다.

　갑작스럽게 떠오른 아이디어를 간단하게 메모해 두면, 그 메모가 아무리 간단하게 되어 있더라도 나중에 메모한 내용만 보아도 전체적인 것들을 모두 기억해 낼 수 있다. 따라서 메모는 당신의 소중하고 중요한 대부분의 것들을 기억할 수 있도록 도와주는 최고의 도구가 되는 것이다.

3.메모의 진화

　지식화 사회로 진입하기 이전에도 이미 많은 사람들이 메모에 대한 가치를 이해하고 메모를 해 왔으며, 메모를 자신의 목표를 이루어가는 데 활용하여 큰 성과를 보기도 했다. 하지만 대부분의 사람들은 메모를 단지 간단한 사항을 전달하는 도구로만 생각을 해왔고 그 중요성에 대해서는 전혀 인지하지 못했다.

　사실 우리는 어릴 때부터 메모를 해왔다. 단지 그것이 메모인지 아닌지 누가 알려 주지도 않았고, 메모인지도 몰랐기 때

'2008
Photo by chocoach

문에 알 수 없었던 것뿐이다. 초등학교 시절부터 선생님께서 칠판에 열심히 써 주신 것을 노트에 옮겨 적어 놓던 것, 그리고 하루 일을 정리하기 위해 밤에 혼자 쓰는 일기 등도 메모로 볼 수 있다. 선생님이 칠판에 써놓으신 것들 또는 말씀하시는 것들을 일일이 노트에 적어놓고 중요한 것은 동그라미나 밑줄 등을 넣어 표시해 두었다가 시험 때가 되면 노트를 들쳐보며 공부를 했을 것이다. 결국 이 형태가 지금의 메모와 딱 맞아 떨어진다.

또한 과거의 메모는 오직 수첩이나 노트 또는 스크랩북과 같이 손으로 지면 위에 하는 것에 의존해 왔다. 지금도 그런 방법으로 메모하는 경우가 있지만, 메모를 활용하기 위한 지식 데이터베이스를 만드는 방법은 계속해서 진화해 왔다.

이전에는 자신이 메모한 내용을 찾으려고 하거나 스크랩한 신문 또는 잡지의 내용을 찾기 위해서는 많은 시간과 노력을 들여야 했다. 이런 시간과 노력을 최소화하기 위해 여러 가지 다양한 방법을 활용하여 줄여가기는 했지만, 메모가 쌓이면 쌓일수록 찾는 시간은 어차피 늘어나기 마련이다.

디지털의 기술이 눈부시게 발전하면서 컴퓨터가 생활화되었고 이를 활용하는 사람들이 늘어나면서 메모에 대한 활용 또한 큰 변화를 겪게 되었다. 메모의 가장 큰 숙제라고 할 수 있는 메모한 내용 찾는 것을 컴퓨터의 데이터베이스 기능과 더불어 빠른 검색 기능을 이용하기 시작하면서 메모의 활용에 매우 큰 변화를 가져오기 시작했다.

한참을 야단 맞고 부장님 방에서 고개를 떨구고 나오는 이대리. 자신을 기다리고 있던 박과장을 발견한다.

"어, 기다리고 있었어?"

"그럼, 이 친구야. 그래도 입사 동기이고 명색이 네 상사인데 술이라도 한 잔 사면서 위로라도 해 줘야지."

"오~ . 과장 되더니 철들었네. 크크. 참. 그리고 부장님이 막 야단치시더니 신상품 계획서 내일 2시까지 제출하라고 하면서 수첩에 뭘 적으시던걸?"

"그건 아마도 너에게 말한 신상품 계획서 제출 시간을 메모해 둔 걸 거야. 그래야 잊지 않고 2시가 되면 네가 신상품 계획서를 제출했나 체크하지. 안 그래?"

"우와, 독하네. 독해."

"부장님이 괜히 부장 자리에 있겠냐? 그렇게 메모하면서 자신의 일을 철저하게 해냈으니 그 자리까지 올라갔지. 성공한 사람들의 공통점 중에 꼭 들어가 있는 것이 바로 메모라구."

"아니, 메모가 뭐길래⋯."

이대리는 이전에는 귀찮게만 생각되었던 메모에 슬슬 관심을 보이기 시작하고, 박과장에게 묻는다.

"어떻게 해야 너처럼 빨리 진급할 수 있냐? 비결이 뭐야? 혹시 메모 때문 아냐?"하고 물으며 박과장에게 친한 척 달라 붙는다.

4.성공한 사람들의 메모

메모에 대해 많은 사람들이 궁금해 하는 것 중 하나가 '과연 메모를 하면 성공할 수 있을까?'라는 것이다. 이 물음에 대해서는 '이미 성공한 사람들의 공통점을 찾아보라'는 말을 하고 싶다. 역사 속에 남겨진 위인이나 현재 성공 가도를 달리고 있는 사람들을 보면 항상 메모하는 습관을 가지고 있고 메모한 내용을 활용하여 자신이 이루고자 하는 목표들을 하나씩 이루어 성공의 길로 가고 있기 때문이다.

세계적 기업을 움직이는 메모 – 이건희 전 삼성회장

국내의 웬만한 기업에서 글로벌 우량 기업이 된 삼성. 그 성공의 길에는 고 이병철 회장과 이건희 회장이 있다. 이 두 사람은 삼성을 글로벌 기업으로 성장하게 만들기까지 여러 가지 아이디어나 도구 등을 활용하였는데, 그 중 가장 많이 활용한 것이 바로 메모다. 이건희 회장은 메모광이었던 아버지 이병철 회장의 영향을 받아 메모를 통해 철두철미하게 경영을 해왔는데, 경영진에서부터 말단 직원에 이르기까지 모든 사원에게 메모의 중요성을 수없이 강조했다고 한다. 또한 과거에 기록하는 문화가 정착해 있었다면 고려청자의 제작법과 같은 우수한 기술을 후손에게 전해 주었을 것이라고 매우 아쉬워했으며, 새로이 임원으로 승진하는 사람에게는 그 선물로, 모든 상황에 따른 여러 가지 일을 수시로 메모하고 활용해서 효율적으로 일을 하라는 의미로 만년필을 선물한다고 한다.

그는 항상 직원들에게 현장에서도 항상 메모하라고 강조

한다. 현장에서 메모한 것들이 모이면 돈을 주고도 살 수 없는 지식이 되기 때문이다. 특히 실패한 프로젝트에 대해서는 더욱 더 메모를 하도록 하고 있다. 이런 메모가 쌓여 다음 프로젝트를 진행할 때에는 반복되는 실수를 하지 않도록 할 수 있기 때문이다. 실패에 대한 메모는 실패를 부끄럽게 생각하는 것이 아니라 성공을 위한 단계로 인정을 하도록 하여 일에 대한 효율을 높일 수 있는 수단으로 활용할 수 있다.

12억을 만든 냅킨 한 장 – 이노디자인 김영세 대표

디지털 제품에 많은 관심이 있던 필자에게 충격적으로 다가온 제품이 하나 있다. 그것은 바로 아이리버사의 MP3플레이어인 'N10'이라는 제품이다. 당시 한참 출시되고 있던 타사의 제품에 비해 크기가 매우 작고 목걸이 형태로 구성되어 있을 뿐만 아니라 그 디자인 또한 매우 혁신적인 제품이었다. 이 제품을 디자인한 사람은 미국 캘리포니아에 본사를 두고 있는 이노디자인의 김영세 대표이다.

평소 바쁜 일정 때문에 비행기 안에서 많은 시간을 보내게 되는데, 그러다 보면 잘 생각나지 않았던 제품 디자인이 문득

머릿속에 떠오를 때가 많다고 한다. 이럴 때마다 스튜어디스에게 냅킨과 연필을 달라고 요청하여 머릿속에 떠오른 제품 디자인을 스케치하여 잘 간직하고 있다가, 업무를 마치고 사무실로 돌아가는 즉시 냅킨의 스케치를 토대로 제품을 디자인했다. 비행기 안에서 스튜어디스에게 얼마나 자주 냅킨과 연필을 요청했는지 항공사에서 김영세 대표에게 스케치북과 연필을 선물할 정도였다고 한다.

김영세 대표, 그 또한 메모광이었기에 성공의 길을 걸을 수 있었다. 만일 비행기 안에서 떠오른 제품 디자인을 생각만 하다가 그냥 지나쳤으면 지금과 같은 혁신적인 제품을 내놓지 못했을 수도 있고, 그랬다면 지금의 성공을 거두지 못했을지도 모른다.

월드컵 4강의 신화창조

– 거스 히딩크 전 국가대표 감독

　　아시아 최초로 월드컵 4강 신화를 만들어낸 감독 거스 히

딩크, 그 또한 메모광 중의 한명이다. 국가대표 선수들과 훈련하면서 선수 개개인의 특성을 메모하는데, 축구의 특성상 한자리에 서 있는 것이 아니라 현장에서 계속 움직여야 하기 때문에 일반 메모지가 아닌 휴대용 녹음기를 이용하여 음성으로 녹음한 다음 숙소로 돌아와 녹음한 내용을 반복 청취하며 컴퓨터에 입력하는 방식으로 메모했다.

컴퓨터에 입력해 둔 메모를 참고로 평가전의 선발이나 교체 선수를 정해 놓고 경기를 하여 보다 승률을 높일 수 있게 하였으며, 평가전에 뛰는 선수들의 여러 상황들을 바로 그 자리에서 메모, 그 다음 경기 때 활용하여 월드컵 경기 때마다 최고 전력을 발휘할 수 있는 주전을 선발했고 필요에 따라 적시에 선수를 교체하여 기적과도 같은 결과를 낳았다.

만일 그가 선수들의 특징들을 그렇게 꼼꼼하고 세밀히 메모하지 않았다면 과연 월드컵 4강이라는 신화를 이루어 냈을지 의문이

디지털 녹음기

다.

흔히 현대의 스포츠는 과학이라고 한다. 선수 개개인의 신체조건에 따른 각종 자료와 실제 경기 때 보여주는 것들 대부분을 데이터화하여 이를 데이터베이스로 만들어 상황에 맞는 선수들을 선발하여 경기의 승률을 보다 높이고 있다.

골프 역사상 가장 위대한 선생 – 하비 페닉

골프에 심취해 있는 사람이라면 한번쯤은 하비 페닉이라는 이름을 들어 봤을 것이다. 만일 들어보지 못했다면, 그리고 골프 스코어를 좀 더 줄여 보고자 하는 사람이라면 하비 페닉의 책 '리틀 레드북'을 구해서 꼭 읽어 보기 바란다.

약 30여 년간 골프장 캐디로 일하면서 자신의 아이를 위해 많은 골퍼들의 라운딩을 보며 배우고 느낀 것들 그리고 그 외 선수들 개개인의 특징을 빨간 수첩에 메모해 둔 것을 책으로 출간한 것이 바로 '리틀 레드북'이다. 이 책은 어떤 수준의 골퍼이든지 최선의 경기를 할 수 있도록 안내하고 있다. 이 책을 읽고 있으면 마치 바로 옆에서 편안하게 레슨을 받는 기분

을 느끼게 해준다.

만일 그가 일생 동안 보고 배운 것들을 메모하지 않았다면 '리틀 레드북'은 태어나지도 않았을 것이고, 골프계에서 그의 명성은 존재하지도 않았을 것이다.

5.메모의 핵심은 활용이다

　메모의 핵심은 기록이 아닌 활용이라는 것을 꼭 기억하기 바란다. 아무리 좋은 아이디어나 기술 등을 메모해 두었더라도 그것을 활용하지 않는다면 휴지 조각에 불과할 것이다. 물론 기록이 있어야 활용도 할 수 있는 것이므로 어떤 이들은 기록이 핵심이 아니냐고 반문하기도 한다. 그 말도 맞는 말이기는 하지만, 활용되지 않는 메모는 노력한 것에 대한 보상이 없는 것과 같다.

　축적된 메모의 활용 방법은 두 가지가 있다. 첫 번째는 메모한 내용 그대로를 활용하는 것이다. 예를 들면 통계자료, 전화번호, 계좌번호, 비밀번호 등과 같이 한번 메모해 두고 나서 필요할 때마다 찾아 활용하는 것이다.

　두 번째는 축척한 아이디어 메모를 토대로 또 다른 것을 만들어 내는 것이다. 기획서나 프레젠테이션 자료, 아이디어 등과 같이 창조적인 것들을 만들고자 할 때 매우 효과적인 활용이 된다. 메모의 활용에 대해서는 4장에서 좀 더 밀도 있게 다루어보도록 하겠다.

365 매일 쓰는

메모 습관 02

좋은 도구는 메모의 습관을 만든다

좋은 메모를 하기 위해 필요한 도구는 종이와 펜 한 자루만 있어도 된다. 하지만, 좀 더 체계적인 메모를 위해서는 자신의 직업이나 메모의 성향에 맞는 메모 도구를 준비해서 사용하면 좋은 메모의 습관을 만들고 지속하는 데 도움이 된다.

대형 문구점에 가보면 수많은 종류의 메모 도구가 진열되어 있다. 화려하거나 귀여운 캐릭터로 디자인된 메모지부터 비즈니스 및 스케줄 관리를 위한 다이어리까지 너무 많아 어떤 것을 써야 할지 고민하던 경험이 있을 것이다. 이뿐만이 아니다. 최첨단 디지털 도구들의 발전에 따라 PDA나 스마트폰 그리고 다기능의 기기로 변화하고 있는 휴대폰까지 메모의 영역에 합세하여 사용자의 선택을 더욱 어렵게 하고 있다.

이렇듯 수많은 메모 도구 중 내게 알맞은 도구를 찾기란 정말 쉽지 않을 것이다. 욕심 같아서는 이런 저런 도구들을 모두 구입하여 한 번씩 써 보고 내 취향에 맞는 것으로 골라 쓰면 좋겠지만, 그러다 보면 많은 비용과 시간을 허비하게 될 것이다. 그럼 이렇게 많은 도구들 중 내게 잘 맞는 도구를 어떻게 골라야 할까?

지금부터 자신의 직업이나 일의 성향에 따라 도구를 선택할 수 있는 가이드를 제공하고자 한다. 하지만 가장 중요한 것은 어떤 도구를 쓰는 것이냐가 아니라 그것을 어떻게 쓰고 어떻게 활용하느냐이다. 자신의 상황과 기호에 맞는 도구를 잘 선택하시길 바란다.

'메모지가 어디에 있더라….'

이대리는 한참 동안 책상 서랍과 책상 위를 뒤적이다가 스프링이 달려 있는 수첩 한 권을 찾아낸 뒤 서둘러 회의실로 들어간다. 이대리가 들어오자 회의는 바로 시작된다. 회의 중에 주머니를 뒤적이고 수첩 앞뒤를 뒤적이며 안절부절 하는 이대리를 본 박과장이 귓속말로 한 마디 한다.

"회의에 집중 좀 해라!"

"아니, 네 말대로 메모를 하려고 하는데 볼펜이 없네."

결국 수첩만 들고 들어갔다가 메모는 하지 못한 채 회의실을 나오는 이대리를 보면서 박과장이 말을 건넨다.

"이왕 메모를 하기로 마음먹었다면 이번 기회에 메모 도구를 장만해 보는 게 어때?"

"메모 도구? 그냥 있는 것으로 써도 되는 것 아니야?"

"물론 있는 것으로도 얼마든지 할 수 있기는 한데 이왕이면 메모 습관도 들이고 수첩과 펜을 함께 휴대할 수 있는 것으로 가지고 있으면 조금 전처럼 볼펜을 찾는 일이 없을 것 아니냐."

"습관이라…. 에휴, 메모하는 것도 쉽지 않네."

"처음이라 그럴 거야. 하지만 항상 휴대할 수 있는 메모 도구를 가지고 다니면서 메모하면 생각보다 빨리 메모하는 습관이 들 거야."

"그럼 박과장이 좀 도와주라."

"오케이. 말 나온 김에 지금 문구점으로 가자구."

오랜만에 의기투합한 두 사람은 가벼운 마음으로 문구점으로 향한다.

1.아날로그 도구

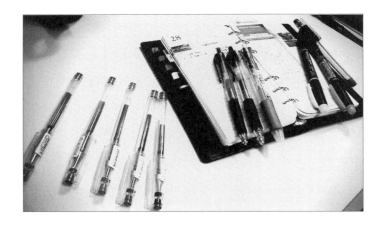

수첩과 펜

현재 가장 많이 사용하고 있는 메모 도구는 역시 아날로그 도구이다. 조그만 포켓 수첩부터 스케줄 관리까지 할 수 있는 다이어리들, 매년 연말연시가 되면 회사에서 나누어 주는 회사 수첩이나 선물용으로 나오는 기능성 수첩 등 여러 가지가 있다. 그러나, 아무리 좋은 도구를 선물로 받거나 직접 구입한다고 해도 결국 자신의 사용기준에 맞지 않는다면 오히려 메모를 즐기는 데 걸림돌이 될 것이다. 그렇다면 도대체 나에게는 어떤 도구가 메모하기에 알맞은 도구일까?

첫째, 메모의 습관과 본질을 위한 것으로, 언제 어디서든 항상 메모할 수 있도록 휴대할 수 있는 것이 좋다. 겨울에는 코트나 점퍼 등 주머니가 많은 옷을 입어서 도구의 크기가 약간 커도 큰 무리 없이 휴대를 할 수 있지만, 여름철 같이 가볍게 옷을 입고 다닐 때에는 조금만 커도 휴대하기에 불편한 점이 많다. 물론 한손에 늘 들고 다닐 수도 있지만, 양손을 다 써야 할 때나 비 오는 날 우산을 들어야 할 때에는 여간 불편한 것이 아니다. 이런 사소한 불편함 때문에 메모 도구를 휴대하지 않게 되고, 그런 이유로 메모하는 습관을 들이기도 전에 포기하게 되는 경우도 많다.

물론 가방에 넣고 다니면 된다. 그러나 이미 메모에 습관이 잘 되어 있는 사람이라면 일상생활처럼 넘어갈 수 있지만, 메모를 막 시작했거나 한참 습관을 들이고 있는 사람이 메모 도구를 가방에 넣고 다니면 생각난 것을 메모하기 위해 가방에서 메모장을 꺼내는 그 짧은 순간에 좋은 아이디어가 사라질 수도 있기 때문에 메모에 방해 요인이 될 수 있다. 메모는 때와 장소를 가리지 않아야 하므로 신체의 일부처럼 항상 곁에

두고 있어야 한다.

둘째, 메모는 어떠한 장소에서 어떠한 자세로든 메모를 할 수 있어야 하므로 한 손에는 도구를 들고 또 다른 한 손으로는 펜을 잡을 수 있는 상태를 준비하는 것이 좋다. 일반적으로 메모를 한다고 하면 당연히 책상 위와 같은 곳에 올려놓고 쓰는 것으로만 생각할 수 있는데, 메모는 그렇지 못한 상황에서 할 때도 의외로 많다. 버스나 지하철, 승용차와 같이 교통편을 이용하다가 메모를 할 수도 있고, 길을 걷거나, 등산을 하다가도 메모를 할 수 있다.

따라서 한 손에 들고 메모를 하기 위해선 표지가 단단한 재질로 되어 있는 것이 좋다. 표지가 단단하면 서서 메모를 하더라도 책받침 역할을 해줄 수 있다. 그렇지 않으면 메모를 하는 데 어려움이 있고 메모 후 다시 그것을 볼 때 잘 알아보지 못할 수도 있으며 도구 자체를 오래 사용하지 못할 수도 있다.

셋째, 도구의 종이에는 가로로 선이 그어져 있는 것과, 가로와 세로로 선이 그어져 있는 것, 그리고 아무것도 없는 무지가 있다. 대부분 가로로 선이 그어져 있는 것을 선호하는 편이지만, 될 수 있으면 선이 없는 무지를 쓰는 것이 좋다. 무지는 어떤 형식이 없는 메모의 특징을 잘 살려 주기 때문에 선이 있는 것보다 창의적 메모를 하는 데 도움이 된다. 선이 있으면 그 선에 맞추어 메모를 해야 한다는 심리적인 요인 때문에 보다 편한 메모를 하지 못할 수도 있다.

넷째, 내구성이 좋은 것이어야 한다. 도구를 항상 소지하고 다녀야 하기 때문에 내구성이 떨어지는 도구는 제본이 터져 내지가 떨어져 나가거나 스프링이 뭉개지는 경우도 있고, 표지가 헤져 찢어지는 경우도 있다. 따라서 디자인만을 생각하기보다는 약간은 투박해 보이더라도 튼튼한 것이 좋다.

다섯째, 종이로 된 도구에 펜은 실에 바늘과 같은 존재나 다름없다. 펜 또한 용도에 따라 종류가 매우 많다. 메모를 위한 펜을 추천한다면 부드러운 필기감을 가지고 있고 2가지에서 4가지 색이 들어가 있는 멀티펜을 권하고 싶다. 개인의 취향에 따라 다르게 사용할 수도 있지만, 보통 일반적인 메모의 경우 검은색을 쓰고 중요한 메모를 하거나 체크를 할 때는 빨간색을, 일상적인 생각들을 쓸 때는 초록색 등으로 구분하여 쓰게 되면 나중에 보더라도 쉽게 구분할 수 있다.

시간 관리의 대표적인 도구, 프랭클린플래너

'성공하는 사람들의 7가지 습관'으로 잘 알려진 시간 관리 도구이자 시스템 도구인 프랭클린플래너는 시간 관리를 하는 사람뿐만 아니라 메모를 하는 사람들에게도 매우 좋은 도구 중 하나이다. 이는 플래너의 구성과 활용하는 방법을 보면 알 수 있다.

첫째, 하루 단위로 매일 메모를 할 수 있게 구성되어 있다. 메모를 구성하고 있는 요소 중 하나가 '언제 메모를 했느냐'인데 따로 메모를 한 날짜를 쓰지 않아도 해당하는 날에 메모만 하면 되기 때문이다.

둘째, 메모를 쉽게 찾을 수 있도록 인덱스가 있다. 방대한 메모 중 자신이 원하는 메모를 찾기란 쉽지 않다. 이를 보다 쉽게 찾을 수 있도록 한 것이다. 매월 시작하는

프랭클린플래너

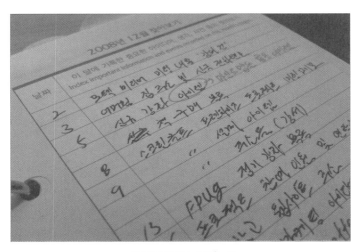

프랭클린플래너 인덱스 탭

탭에 중요한 메모가 들어가 있는 날짜와 주제를 메모해 두면 인덱스만 확인하더라도 쉽게 메모를 찾을 수 있다.

셋째, 메모한 내용 중 해야 할 일을 실행할 수 있도록 한다. 메모를 할 수 있는 자리 왼쪽에는 오늘 자신의 일정과 할 일을 계획할 수 있도록 되어 있어, 오늘 또는 앞으로 해야 할 일을 바로 해당하는 날에 옮겨 놓으면 자연스럽게 해야 하는 날에 일을 할 수 있다.

결국 메모의 목적인 활용할 수 있는 메모를 할 수 있도록

다이어리 속지

구성되어 있기 때문에 메모를 하는 사람들에게 매우 효과적인 도구이다.

대중적인 도구, 다이어리

머릿속에 수첩을 떠 올리라고 한다면 단연 '다이어리'를 연상할 정도로 아날로그 도구 중의 대표 주자이다. 해가 거듭할수록 다양해지는 디자인과 속지 때문에 직장인에서부터 학생들까지 한 개에서 두 개 정도는 가지고 있을 정도로 인기가 많은 도구이다.

다이어리의 특징은 다양한 기능을 가진 바인더와 필요에 따라 선택하여 구성할 수 있는 다양한 속지에 있다고 하겠다. 일상생활이나 업무에 필요한 웬만한 속지들이 나와 있고 그중 필요한 속지들만 따로 구입하여 자신이 활용하고자 하는 형태와 주제로 다이어리를 구성할 수 있기 때문에 시스템 다이어리라고도 불린다.

영업자라면 스케줄, 고객관리, 주소록, 메모장으로 구성할수 있고 기획자라면 스케줄, 프로젝트 관리, 할 일 관리, 메모등으로 구성할 수도 있다.

인터넷 포털 사이트에 개설되어 있는 다이어리 사용에 관

다양한 수첩들

한 카페에 가보면 정말 다양하게 활용하는 사람들의 이야기를 볼 수 있으며, 용례들도 많이 볼 수 있다.

모든 사람들의 영원한 친구, 수첩

프랭클린플래너나 다이어리와 같이 시스템화된 도구들이 나오기 이전부터 지금까지도 많은 사람들이 사용하고 있는 것이 바로 수첩이다. 수첩은 사용하는 사람의 목적에 따라 한 가지 형식만을 가지고 있는데, 보통 밑줄이 그어져 있어 보기 좋게 메모를 할 수 있게 하거나 아무것도 없는 무지 형태로 자신이 원하는 형태로 만들어 쓸 수 있게 되어 있으며, 주소록이 뒷부분에 제본되어 있어 인맥관리 용으로도 활용할 수 있는 등 다양한 형태를 갖는다.

수첩의 특징이라면 기자수첩처럼 작고 커버가 뚜꺼운 재질로 되어 있어 언제 어디서든 메모를 할 수 있다는 것이다. 길을 걸어가다가 혹은 지하철 안에 서서 메모할 일이 있을 때 한 손으로는 수첩을 들고 또 한 손으로 충분히 메모를 할 수 있다. 이런 장점 때문에 필자의 휴대 목록 중에도 항상 수첩이 들어가 있다. 간단한 메모 정도는 스마트폰을 이용하지만, 순간 스쳐가는 것을 잡아내는 메모나 미팅과 같은 자리에서 빠르게 메모하기 위해서는 늘 수첩을 꺼내놓고 메모를 한다.

2.디지털 도구

약 1995년부터 일부 디지털 기기 마니아들로부터 관심을 갖기 시작한 PDA부터 디지털 음성녹음기, 그리고 최근 기술 집약의 결정체인 휴대폰, 점차 사이즈가 휴대하기 편리하도록 작아진 노트북까지 디지털 도구 또한 계속해서 진화하고 있다. 이 같은 디지털 기기의 거듭된 발전에 따라 많은 사람들이 아날로그에서 점차 디지털 도구로의 변화를 시도하고 있으며, 이제는 지하철이나 회의 자리에서도 디지털 도구를 사용하는 모습을 볼 수 있게 되었다.

많은 휴대용 디지털 도구 중에 메모용으로 가장 적절한 도

구를 꼽으라면 단연 PDA라 할 수 있다. PDA는 그 탄생 목적 자체가 PIMS(personal information management system; 개인정보 관리시스템)용으로 개발되었으므로 그 기능 또한 메모를 보다 쉽게 할 수 있도록 고안되어 개발되었기 때문이다. 국내에서 개발되는 제품의 대부분은 휴대폰과 PDA를 결합한 스마트폰 으로 출시되어 휴대하기에도 매우 용이하다.

그 다음으로는 거의 모든 사람들이 가지고 있는 휴대폰을 들 수 있다. 예전에야 휴대폰하면 오직 통화하는 용도로만 생 각하고 사용했지만, 지금의 휴대폰은 가히 디지털 복합기라 고 해도 과언이 아니다. 음성 및 화상 통화 기능은 물론이고 디지털 카메라, MP3, 음성 녹음, 메모 등 메모에 관한 모든 기 능을 두루 갖추고 있다. 이런 다양한 기능을 갖추고 있음에도 메모를 입력하기 위해서는 오직 1에서 0까지의 키패드를 사 용하여 입력하기 때문에 간단한 메모를 할 때에는 좋으나 많 은 양의 메모를 하기에는 사실상 불편한 점이 있다.

최근에는 PMP, 전자사전, 게임기 등이 본래의 기능 이외에 도 스케줄 관리, 메모 등 다양한 기능을 제공하므로 자신의 구미에 맞는 디지털 도구를 선택하는 것이 좋다.

일정 관리의 대표 소프트웨어, 아웃룩

아웃룩은 마이크로소프트사의 오피스 군에 포함되어 있는 일정 관리 소프트웨어이다. 예전에는 오피스를 설치하면서 자연스럽게 설치된 아웃룩의 존재 여부를 모르거나, 알더라도 그 본연의 목적과는 다르게 단순히 이메일용으로만 써온 것이 사실이다. 그러나 여러 기업들이 업무관리를 위해 아웃룩을 활용하고 있고, 스마트폰을 이용하는 사람들이 늘어나면서 아웃룩을 이용하는 사람들이 늘어나게 되었다.

아웃룩은 일정, 작업, 메일, 메모, 연락처로 구성되어 있으며, 각 구성 별로 자료를 유연하게 연동할 수 있게 되어 있다. 한 가지 예를 들면, 협력업체로부터 업무 관련 메일이 왔는데 내용 중에 '몇 날 몇 시에 어디서 미팅을 하는데 업무 협약서를 꼭 지참하라'는 내용이 들어 있는 경우가 있다. 다른 때 같으면 당연히 수첩을 꺼내놓고 메모를 하겠지만, 메일 내용에서 '플래그'를 이용, 바로 작업과 일정에 넣어둘 수 있어 당일 준비해야 할 것과 시간 약속을 지킬 수 있게 된다.

디지털 메모장, 원노트

나의 메모가 집약되는 보물창고이자 메모용으로 활용하는 소프트웨어이다. 원노트는 말 그대로 노트를 디지털화한 것이라고 보면 된다. 노트에 메모하는 것과 같이 타이핑하여 입력하거나 음성을 직접 녹음할 수도 있으며, 이미지를 붙여 넣을 수도 있다. 만일 타블렛 노트북을 사용하고 있다면 직접 타블렛용 펜을 들고 쓸 수도 있다. 원노트는 이와 같이 디지털의 특징을 잘 살려놓은 하나의 '디지털 노트'다.

여기에 또 다른 장점이 있다. 신문이나 잡지를 보다가 좋은 정보가 있거나 기사가 있으면 가위로 오려 스크랩하듯이, 웹 사이트에 있는 정보나 기사를 그대로 원노트에 스크랩할 수 있기 때문에 수많은 정보들을 메모할 수 있다.

또 하나의 장점을 들자면 스마트폰에 탑재되어 있는 스마트폰용 원노트에 글이나 사진, 음성 형태로 메모한 것도 싱크(스마트폰과 컴퓨터에 있는 자료를 교환하는 과정)를 통해 원노트에 옮겨 놓을 수 있다는 것이다.

이렇게 메모한 내용들을 나중에 찾을 때는 디지털의 장점인 '검색'을 통해 찾는다. 원하는 정보를 가장 빠르게 찾을 수 있기 때문에 매우 효과적이다. 또한 텍스트뿐만 아니라 이미지 안에 들어가 있는 텍스트도 검색할 수 있기 때문에 더욱 효과적이다. 다만 이미지 안의 텍스트 검색은 아직까지는 영문만 지원하고 있다.

원노트 또한 아웃룩과 같이 마이크로소프트 오피스 군에 포함되어 있다.

스마트폰에서의 원노트

머릿속을 정리하라, 씽크와이즈

마인드맵은 그 형태가 사람 뇌세포의 뉴런과 비슷한 구조로 되어 있어 생각을 단순하게 정리하는 데 최고의 도구로 자리 잡고 있다. 이 때문에 그 쓰임새 또한 무궁무진하다. 생각을 정리하거나, 각종 기획과 계획을 세울 때도, 회의나 미팅뿐만 아니라 읽은 책을 정리할 때도, 가족과 함께 여행 계획이나 자녀의 학습계획을 세울 때도 마인드맵을 사용한다.

보통은 머릿속이 복잡하고 정리가 되지 않을 때 일반 노트에 마인드맵으로 정리하곤 하지만, 여러 사람들과 공유해야 하거나 목표 또는 계획을 세울 때만큼은 노트가 아닌 마인드맵 소프트웨어를 활용하여 효율을 높인다.

노트를 통해 마인드맵을 활용하는 것은 비교적 간단한 것들을 정리할 때 활용하고, 프로젝트 계획이나 연간 계획처럼 그 단위가 큰 것들은 그만큼 많은 시간을 필요로 하기 때문에 마인드맵용 소프트웨어인 씽크와이즈를 활용한다.

씽크와이즈를 통해 마인드맵 형태의 계획을 해당하는 날로부터 실행할 수 있도록 아웃룩의 일정으로 보내거나 문서로 작성하기 위해 워드나 한글로 변환하여 저장할 수도 있다.

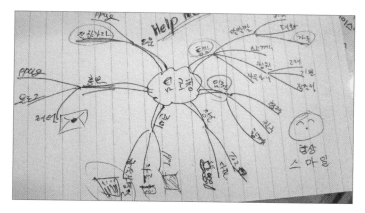

수첩에 그린 마인드맵

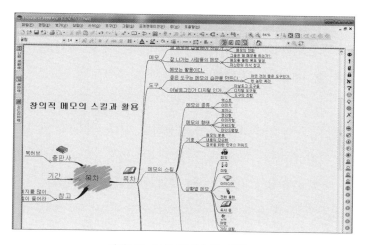

마인드맵 소프트웨어인 씽크와이즈

3.도구의 조합

필자는 도구를 사용하는 사람들에게 한 가지 도구만을 사용하여 모든 정보가 집중될 수 있도록 권한다. 그래야 나중에 메모한 정보를 찾고 활용하는 데 불필요한 시간을 줄일 수 있기 때문이다. 다만 사용하는 도구의 특성에 따라 두 개에서 세 개 정도의 도구를 조합하여 쓰기도 한다. 물론 서로 다른 도구의 내용은 하나로 취합되어야 한다는 전제조건이 들어가야 한다. 그래야 하나의 도구를 쓰는 효과를 볼 수 있기 때문이다.

필자도 세 가지의 도구를 활용하고 있다. 컴퓨터, 스마트폰, 그리고 수첩이다. 보통 사무실에서 일을 할 때는 컴퓨터를 주로 사용하게 되므로 아웃룩과 원노트를 이용한다. 그리고 컴퓨터를 사용하지 않는 시간 즉 외부에 있는 동안에는 스마트폰에 있는 원노트를 이용하여 간단한 메모나 사진, 음성 메모 등을 한다. 물론 스마트폰에 메모된 내용은 컴퓨터의 원노트로 모두 옮겨진다.

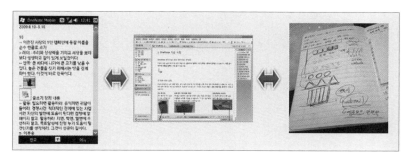

스마트폰 〈-〉 원노트 〈-〉 수첩

그러나 회의 또는 세미나와 같이 메모의 양이 많고 빠르게 메모를 해야 할 경우에는 스마트폰이 아닌 수첩을 꺼내놓고 메모를 한다. 스마트폰의 경우 수첩에 메모하는 것보다 빠르고 자연스럽게 할 수는 없고, 도표나 그림이 들어가야 할 경우 별도의 프로그램을 실행하여 메모해야 하기 때문에 중요한 메모를 놓칠 수 있다. 수첩에 메모된 내용 또한 원노트로 옮겨 놓는데, 일일이 타이핑하여 옮겨 놓기 보다는 스마트폰의 카메라로 사진을 찍어 이미지 형태로 만들어 놓는다.

간혹 비슷한 목적으로 여러 개의 도구를 사용하는 경우, 예를 들어 휴대용 수첩과 사무실에서만 사용하는 다이어리 그리고 회의용 노트 등을 사용하다 보면, 나중에 원하는 메모를 찾고자 할 때 매우 혼란스러운 경험을 하게 될 것이다. 따라서 각각의 사용 목적을 뚜렷하게 정의한 뒤 도구를 구성하고 준비하는 것이 좋다.

메모의
스킬

메모라고 해서 무조건 쓰기만 하는 것은 아니다. 물론 쓰는 것만 해도 다행이라고 생각하는 사람도 있겠지만, 무조건 쓰는 것은 한참 습관을 들일 때의 단계, 즉 메모의 첫 단계라고 생각하면 좋을 것이다. 습관을 들이는 단계를 넘어서게 되면 자연스럽게 효율적인 메모를 생각하게 될 것이다.

메모에는 상황에 따라 다양한 형태나 방법이 있을 수 있다. 본 3장에서는 메모의 종류에는 어떤 것들이 있으며 그 형태는 어떤지에 대해 알아보고, 지금까지 당신이 어떤 형태와 종류로 메모를 하고 있었는지를 확인하여 이를 보다 효과적인 메모로 전환하고 효율성을 높일 수 있도록 하고자 한다.

거래처 미팅에 갔다 온 이대리, 씩씩거리며 박과장에게 가더니 다짜고짜 큰 소리로 부른다.

"야, 박과장!"

갑작스런 이대리의 태도에 박과장은 당황했지만, 이내 정색하며 낮은 목소리로 이대리에게 말한다.

"이대리, 여긴 사무실이라는 거 몰라? 사무실에선 제발 공과 사를 좀 구분해라. 다른 사람들이 보면 뭐라고 하겠냐. 특히 부장님이 보면 어쩌려고."

"헉…, 미안해. 좀 흥분해서 그랬네."

"뭐 때문에 이렇게 흥분해서 왔냐? 미팅이 잘 안됐어?"

"아니, 미팅은 그런대로 잘 되었는데 미팅하면서 메모 좀 하려고 했더니 메모만 하다가 미팅이 끝날 것 같아서 그냥 수첩을 덮었거든. 메모만 열심히 했다가 미팅이고 뭐고 일이 잘못될 뻔 했어."

"아니, 메모를 어떻게 했길래 그래? 메모한 수첩 좀 보자."

이대리의 수첩에 메모한 것을 보다가 박대리는 한참을 웃는다. 박과장의 갑작스런 웃음에 당황한 이대리는 인상을 쓰며 묻는다.

"왜 웃어? 남은 열 받는데."

"아니, 이게 메모냐 소설이냐? 하하하."

계속 웃는 박과장을 보다가 화가 난 이대리는 박과장이 들고 있는 자신의 수첩을 빼앗아 자리로 돌아간다. 이대리의 등 뒤에 대고 박과장은 계속 웃으며 말한다.

"이대리 미안, 미안해. 이런 메모는 처음 봐서 나도 모르게 웃음이 나오고 말았네."

자리로 돌아가다 말고 이대리는 궁금한 듯 박과장에게 묻는다.

"그렇게 하는 거 아니었어? 넌 어떻게 메모를 하냐? 뭐가 이렇게 어렵냐? 이거 이렇게 어려우면 어디 메모 하겠어? 습관은커녕 그냥 내 우수한 머리만 믿는 게 낫겠다."

"내가 봐선 너, 네 머리만 믿었다가는 아마 이 회사에서 오래 못 갈걸? 그렇게 화만 내지 말고 내 말 좀 들어봐라. 메모에도 여러 가지 방법이 있어. 너같이 소설 쓰듯 하면 나라도 메모를 할 수 없지."

"방법? 아니, 메모도 방법 같은 것이 있어? 진작 말을 하지. 그리고 그 방법이라는 것 나 좀 가르쳐 주면 안 될까?"

몸이 달은 듯, 이대리는 박과장에게 바싹 다가가며 묻는다.

"안 될 거야 없지만, 맨입으로 되겠냐? 험험."

박과장은 모처럼 이대리 앞에서 목에 힘 한 번 주어 본다.

1.메모의 종류

   흔히 메모라고 하면 머릿속에 '펜과 작은 메모지' 또는 '수첩과 메모지에 쓰여 있는 글씨들'을 떠올리는데 여기서 중요한 것은 그 메모지에 메모되어 있는 것 대부분 아니 모두가 텍스트로 이루어져 있다고 생각하기 쉽다. 하지만 실제로 메모의 방식에는 우리가 가장 많이 쓰고 있는 텍스트뿐만 아니라 이미지(그림, 사진 등)와 보이스(음성 또는 소리) 등도 모두 포함된다.

   한번은 강의를 마치고 집에 가는데, 강연회의 참석자들과 귀가 방향이 같아 함께 지하철을 타게 되었다. 지하철 안에 붙어 있던 광고에 재미있는 광고 카피가 있는 것을 발견한 우리 일행 중 한 사람은, 그 카피를 나중에 활용해야겠다며 가방에서 수첩과 펜을 꺼내 들더니 그 광고 카피를 메모하기 시작했다. 필자도 그 광고 카피에 흥미가 있어 주머니에서 휴대폰을 꺼내 들고는 그 광고 카피를 사진으로 찍었다. 물론 그분에게 카메라가 내장된 휴대폰이 없었던 것은 아니다. 다만 서로 메모하는 방법과 생각이 달랐던 것이다. 그렇다고 필자가 무조건 휴대폰을 이용해 메모하는 것은 아니다. 문득 떠오르는 아이디어나 글을 쓰는 데 필요한 주제 등이 생각날 때는 주머니에서 메모지와 펜을 꺼내어 메모를 하지만, 때로는 좀 더 간편한 방법을 이용하는 것이다.

머릿속에 떠오른 아이디어가 글로 메모하기 어려운 도면이나 제품 디자인이라면 어떻게 할 것인가? 당연히 그림으로 그리려 할 것이다. 그림을 잘 그리고 못 그리고를 떠나서 떠오른 아이디어를 바로 메모하느냐 하지 않느냐가 더 중요한 만큼, 자신이 나중에 다시 보더라도 이해할 수 있을 정도면 된다.

때로는 텍스트나 이미지보다 보이스 즉 음성을 직접 녹음하는 방식으로 메모하는 것이 효율적인 경우도 있다. 각종 세미나나 회의 또는 미팅에 참석하다 보면 그 안에서 오가는 말들을 메모하게 되는데, 메모에 집중하다 보면 발표자의 말을 놓치는 경우가 종종 있다. 만일 매우 중요한 회의나 미팅의 경우라면, 그것도 놓친 말이 중요한 사안이라면 나중에 큰 문제가 발생해서 어려운 상황이 닥칠 수도 있을 것이다. 이렇게 중요한 자리인 경우 상대에게 먼저 녹음을 한다고 밝힌 후 회의나 미팅 전반에 대해 녹음을 통한 메모를 하는 것도 좋은 방법 중 하나이다.

텍스트

가장 일반적인 메모방식으로 아이디어 메모나, 회의 및 미팅 내용 메모, 세미나 메모 등 광범위한 메모에 활용한다.

이미지

그림 또는 사진 형태의 메모방식으로 텍스트 형태의 메모가 어려운 것들(사물, 이미지, 그래프 등)을 메모하고자 할 때 활용한다. 최근의 휴대폰은 동영상 성능이 좋아 동영상 형태로 메모를 할 수도 있다.

보이스

음성, 또는 각종 소리 등을 메모하는 방식으로 텍스트 또는 이미지 방식의 메모가 어려울 때 사용하며, 전화 통화내용 및 특정한 소리, 세미나 및 회의, 미팅 내용을 모두 메모할 때 활용한다.

2.메모의 형태

　대부분의 사람들이 흔히 사용하는 메모의 형태는 '정리형' 이다. 어떻게 보면 마치 '우리 이렇게 메모하자'라고 약속이라도 한 듯 정리 형으로 메모를 하는데, 이렇게 된 이유는 초등학교 시절 선생님으로부터 엄하게 배운 노트 필기법을 시작으로 지금의 각종 보고서 및 계획서에 이르기까지 오랜 세월을 통해 몸 속 깊이 익숙해지고 단련되었기 때문이다. 그렇다고 정리 형 메모법이 문제가 있거나 잘못되었다는 것은 아니다. 다만 각자 자신의 역할에 따른 메모법에 따라 생각하는 논리나 창의적 사고의 능력 그리고 일을 진취적으로 추진할 수 있게 하는 실행력 등을 발휘할 수 있기 때문이다.

　인터넷 포털 사이트에 들어가 보면 다이어리 관련 커뮤니티들을 볼 수 있는데, 이 커뮤니티의 주된 내용은 자신의 다이어리를 어떻게 하면 멋지고 예쁘게 만들 수 있는지에 대해 정보를 나누기도 하지만, 메모를 어떤 방식으로 하면 좋을지에 대해서도 많은 이야기를 나누는 것을 볼 수 있다. 그만큼 메모의 형태와 방식, 그리고 표현에 대해 관심이 높아지고 있다는 것을 알 수 있다.

정리 형

정리 형은 앞서 이야기했듯 대부분의 사람들이 사용하고 있는 형식이다. 주로 회의나 미팅 시 많은 내용 또는 좀 더 자세한 내용을 메모하기 때문에 나중에 메모한 내용을 보더라도 대부분의 내용을 확인할 수 있다. 그러나 많은 필기량을 요구하기 때문에 메모를 하다가 다른 발표자의 말을 놓치는 경우가 종종 있어 정작 중요한 내용을 메모하지 못하는 경우도 발생할 수 있고, 메모에 집중하는 시간이 많아지기 때문에 자신의 생각을 정리하여 발언할 시간을 가질 수 없게 된다.

따라서 간단한 아이디어나 생각과 같은 것들을 메모하고 정리할 때 매우 효과적인 메모법으로 그 활용도를 높일 수 있다. 또한 논리적 판단을 하는 좌뇌를 많이 이용하기 때문에 창의성을 추구하는 직업보다는 논리적인 정리와 계산을 필요로 하는 직업군에 속하는 사람들이 활용하기 좋다.

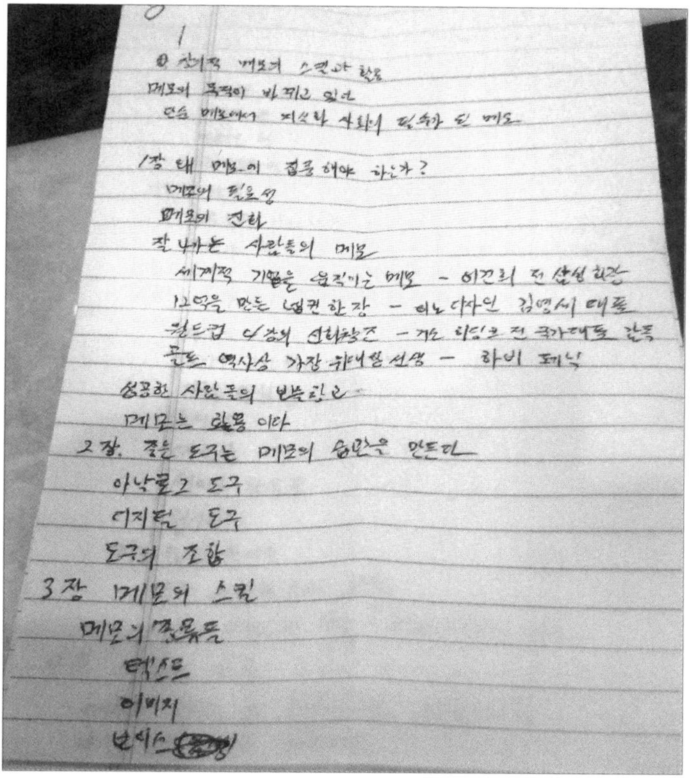

정리 형 메모법

이미지 형

어떤 사물을 정리 형으로 메모하라고 하면 어떨까? 굳이 표현하라고 하면 가능은 하겠지만, 그리 쉽지 않을 뿐만 아니라 메모에 많은 시간을 들여야 할 것이다. 만일 갑자기 머릿속에 자신이 생각해도 멋진 아이디어가 떠 올랐다고 가정을 해보자. 그 아이디어가 복잡한 이미지라면 어떻게 메모할 것인가? 떠오른 이미지를 정리 형으로 메모하려고 하면 어떻게 표현을 해야 할지 고민하다가 많은 부분들을 잊어버릴 수 있기 때문에 적절한 메모법이 될 수 없다. 떠오른 이미지를 있는 그대로 그림 형식의 이미지 형 메모법을 활용하게 되면 빠른 시간에 떠오른 이미지를 그대로 표현할 수 있어 메모 후 활용하기 가장 좋은 방법이 될 수 있다.

이렇듯 머릿속의 이미지를 그림으로 표현하기 위해서는 생각이나 눈에 보이는 사물을 틈틈이 그림으로 표현하는 연습이 필요하다. 그렇지 않으면 머릿속에 둥둥 떠있는 이미지의 모습을 그대로 표현하지 못해 제대로 된 메모를 할 수 없기 때문이다. 생각들을 조금씩 이미지로 표현하는 데 자유로워진다면 당신의 우뇌가 점차 발달된다는 의미가 되므로 당신도 모르는 사이에 창의성이 높아지게 될 것이다.

이미지 형 메모법

키워드 형

    평소 자신의 생각이나 다른 사람으로부터 듣는 것을 속기 사처럼 빠르게 메모할 수 없을까라는 생각을 해본 경험이 있을 것이라 생각된다. 필자 또한 빠른 메모를 위해 속기에 대해 관심을 가져봤고 어떤 식으로 하는지에 대해 알아보았지만, 단지 메모 하나 때문에 많은 비용과 시간을 들이기에는 너무한 것으로 판단되었고 또 지속적으로 쓰지 않으면 쉽게 잊을 수 있어 시도조차 하지 않았다. 그렇다고 포기는 하지 않고 다른 방법을 찾게 되었는데 그것이 바로 키워드 형 메모법이다.

키워드 형 메모는 문장이 아닌 중요 키워드의 조합을 통해 보다 간단하게 메모할 수 있는 방법으로, 빠른 메모가 필요한 전화 통화내용 또는 세미나 내용을 메모하기에 매우 효과적이다. 키워드 메모를 하기 위해서는 내용의 핵심이 되는 단어들을 잘 찾아내거나 요점 정리를 할 수 있는 나름대로의 노하우가 필요하기 때문에 이미지 형과 같이 약간의 노력이 필요하다. 필자는 평소 키워드 형의 메모를 위해 책 한 페이지씩을 읽고 중요한 키워드를 골라내어 메모하는 연습을 종종 하곤 했다.

이렇게 키워드로 메모한 내용을 시간이 지난 후에 활용하기 위하여 찾아 보더라도 키워드가 자연스럽게 연결되기 때문에 하나의 문장을 보는 것처럼 쉽게 이해할 수 있다.

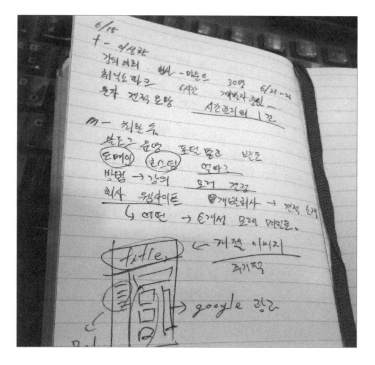

키워드 형 메모법

마인드맵 형

마인드맵 형은 지금까지 이야기한 이미지 형, 키워드 형을 합쳐 놓은 형태로 익숙해질 때까지는 시간을 필요로 한다. 마인드맵은 메모의 주제를 중심으로 하여 사방으로 가지치기

하는 듯한 모양으로 구성이 되는데, 그 모습이 인간 뇌세포의 뉴런과 비슷한 구조로 되어 있다.

마인드맵은 마치 복잡한 교통체증으로 끙끙 앓고 있는 머릿속의 생각들을 교통정리하여 머릿속을 시원하게 만들며, 목표나 계획의 정리, 아이디어를 만들어내기 위한 브레인스토밍을 하기에 매우 적합한 도구이다.

필자도 매년 계획하는 연간 목표와 월간 그리고 주간계획 때 마인드맵을 통해 세우며 각종 기획서 및 아이디어 정리 시

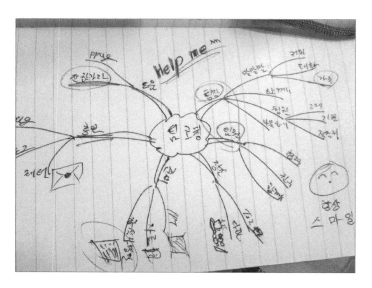

마인드맵 형 메모법

그 초안을 마인드맵의 메모로 시작한다. 또한 각종 세미나, 회의, 미팅 또한 마인드맵으로 메모하고 있다.

3.기호의 활용

메모에 있어 기호는 단팥빵의 단팥과 같은 존재라고 해도 과언이 아니다. 기호는 활용하기에 따라 다양한 기능을 부여할 수 있기 때문에 더욱 맛난 메모를 할 수 있다. 필자 또한 이런 맛에 기호를 쓰기 시작했는데, 메모를 분류하는 용도에서부터 메모의 단순화 및 인덱스에 이르기까지 그 범위를 넓게 활용하고 있다.

분류를 위한 기호활용

나름대로 열심히 메모를 해 두었지만, 어느 정도 시간이 지나 메모한 내용들을 보면 그것이 아이디어 메모인지, 회의에서 나온 내용이었는지 아니면 상사의 지시사항이었는지 알쏭달쏭할 때가 있다. 물론 시간을 두고 기억을 되살리려고 애를 쓴다면 무슨 메모였는지 기억이 날 수도 있지만, 그만큼 시간과 노력을 더 들여야 하고 심지어는 그 기억이 정확하다는 보장도 없다.

분류는 메모뿐만 아니라 각종 서류, 주소록, 자신이 해야 하는 일에도 적용되어야 한다. 확실히 일을 잘하는 사람들을 보면 자신의 일에 필요한 대부분의 것들을 일목요연하게 분류하여 정리해 두고 필요할 때마다 곧바로 찾아 즉시 활용하는 모습을 볼 수 있다.

국내에서는 아직까지 찾아볼 수 없지만, 미국의 경우에는 정신없는 사무실을 정리 정돈해 주는 직업을 가진 사람들도 있다. 그들은 먼저 사무실 및 책상 정리부터 시작해서 각종 서류들을 분류하여 각각의 파일에 집어넣는데, 무조건 파일을 만들어 집어넣는 것이 아니라 의뢰자가 자신의 일을 진행할 때 필요한 서류를 쉽게 찾을 수 있도록 철저하게 분류작업을 하고, 앞으로 발생할 업무와 관련된 서류나 메모를 따로 분류하여 필요한 서류철에 넣을 수 있도록 컨설팅까지 진행한다.

메모를 분류하려면 간단한 기호들을 상황에 맞게 몇 가지만 만들어 놓으면 된다. 필자는 다음의 기호처럼 자주 쓰는 몇 가지만을 만들어 쓰고 있고 간혹 다른 상황의 메모가 필요할 때는 그때그때 만들어 활용하기도 한다.

기호	내용
I	idea의 첫 자인 i를 기호로 하여 주로 아이디어 메모를 할 때 분류 기호로 사용한다.
t, tt	telephone의 첫 자인 t를 기호로 전화 통화 내용을 메모할 때 사용하는데, 간혹 전화를 한 것인지 아니면 받은 전화인지를 알아야 할 때가 있기 때문에 받은 전화의 경우 t를, 전화를 한 것은 tt로 구분하여 사용한다.
@	간혹 이메일의 내용을 메모할 때가 있는데 이럴 경우 이메일에 사용되는 @기호를 사용한다.
M	meeting의 첫 자인 m은 말 그대로 회의 또는 미팅 시에 사용한다.
S	각종 세미나나 강의 또는 스터디 때는 seminar와 study의 첫 자인 s로 사용한다.
–	분류하기 애매하거나 낙서하듯 메모를 할 때는 –를 기호로 사용한다.
G	gospel의 첫 자인 g는 예배 때 설교를 메모할 때 활용한다.

분류를 위한 기호

메모의 단순화

중요한 회의 또는 미팅 때 상사나 동료 또는 파트너사의 직원이 발표하는 내용을 메모하다가 중요한 내용을 제대로 듣지 못한 경우를 경험해 봤을 것이다. 필자도 회의나 고객과의 미팅 때마다 메모하다가 오히려 중요한 내용을 놓치곤 했는데, 이럴 때 '속기라도 배워 두었으면' 하는 생각을 여러 번 해보기도 했지만, 정작 속기보다는 기호를 활용하면서 해결했다.

회의 시에 발표자가 발표할 때 발표자의 이름을 먼저 써놓곤 하는데, 상사나 동료의 경우에는 별다른 문제가 없지만 파트너나 고객사의 직원이 발표하는 경우에는 문제가 생길 수도 있다. 발표자의 이름을 바로 알 수 없어 애매하게 적어 놓는 경우가 종종 있기 때문이다. 그의 이름을 생각하다 발표의 내용을 가끔 놓치는 경우를 한 번씩은 경험 해봤으리라 생각된다. 이럴 경우 서로 첫 인사 때 주고받는 명함에 나름대로 기호를 적어 놓고는 자리에 앉은 순서대로 명함을 앞에 놓고 해당하는 사람이 발언을 할 때 이름이 아닌 명함에 표시해 놓은 기호를 적어 놓는다면 이름 때문에 고민할 필요가 없게 되어 발표자의 내용에 좀 더 집중할 수 있게 된다.

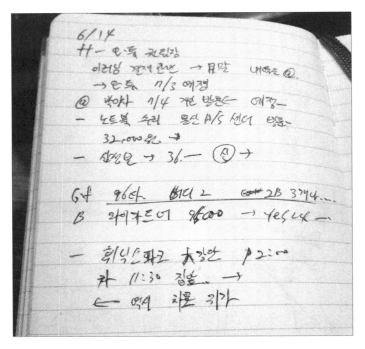

기호를 이용한 메모

메모에 관한 주제로 강의를 하다 보면 몇몇 참석자로부터 필자가 쓰고 있는 수첩을 볼 수 있느냐는 질문을 받곤 한다. 간혹 쉬는 시간에 필자가 없는 틈을 타서 수첩을 들여다보는 일도 있다. 물론 악의적인 것이 아니기에 서로 그냥 웃고 넘어가기는 하지만, 당시에는 매우 당혹스러웠다. 그 수첩에는 개인적인 내용들이 많았기 때문이다. 그런 일이 있은 후부터는 내용 중에도 나만이 알아볼 수 있는 기호를 쓰기 시작했고 참석자의 요청이 있을 경우 보여 주기도 한다.

검색을 위한 인덱스 역할

매일같이 틈틈이 메모를 하다 보면 그 양 또한 만만치 않게 쌓이게 된다. 이렇게 쌓여 있는 메모를 보고 있으면 흐뭇한 생각이 들 때도 있지만, 이것이 일에 있어 걸림돌이 되기도 한다. 쌓여있는 메모지 더미 속에서 메모한 내용을 찾으려고 할 때 그만큼 시간과 노력이 들어가기 때문이다. 이런 문제점을 해결하는 방법으로 기호를 활용하면 보다 빠르게 찾을 수 있다.

필자는 메모한 것들을 대부분 컴퓨터에 옮겨 데이터베이스화하여 보관해 두는데, 이때에도 기호를 함께 입력해 둔다. 이렇게 데이터베이스로 만든 메모를 찾고자 할 때 검색 키워드에 메모의 성격에 맞는 기호를 입력하고 검색하면 관련된 분류로 쉽게 찾을 수 있기 때문이다. 단, 주의해야 할 것이 하나 있는데, 아이디어를 메모한 것을 찾을 때 필자처럼 아이디어 분류의 기호인 'i'자만 검색 키워드로 넣게 되면 'i'자가 들

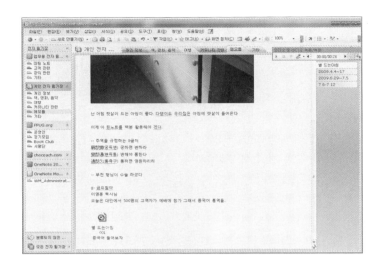

데이터베이스화한 메모

어가 있는 모든 메모가 검색되기 때문에 자신이 원하는 것을
찾을 수 없게 된다. 이 때문에 컴퓨터에서는 'i'라는 기호에 '-
'를 붙여 'i-'의 형태로 변형하여 입력해 두면 원하는 메모를
보다 쉽게 찾을 수 있다.

4.자신만의 메모법을 만들어라

　메모에는 따로 원칙이 존재하지 않는다. 다만 이미 메모로 성공한 사람들이 경험한 것들을 정리하여 메모를 시작하거나, 메모로 좀 더 효율적인 성과를 내기 위한 사람들을 위해 정리한 것들이 있다. 필자도 성공한 사람들이 활용한 방법들을 통해 좀 더 체계적인 메모체계를 가질 수 있었다. 그렇지만, 그 방법은 그들만의 방법이었기에 항상 뭔가 부족함을 느끼게 되었고 이때부터 나 자신만의 메모법을 찾기 시작했다.

　필자는 평소 디지털 기기에 관심이 많아서 기존 메모 방법을 디지털로 전환함으로써 보다 효과적으로 활용하게 되었다. 또한 시간 관리와의 연계를 통해 목표 달성을 더 빠르게 이루어 낼 수 있게 되었고, 계획했던 일들도 보다 순조롭게 이루어 갈 수 있게 되었다.

　따라서 메모가 일상화되기 시작한 순간부터 조금씩 자신만의 메모법을 찾아 만들어가는 것 또한 중요하다.

'와우, 무슨 메모법이 이렇게나 많아? 난 어떤 것으로 써야 하나…. 박과장은 어떤 방법으로 쓰는지 박과장 수첩 좀 봐도 될까?"

박과장으로부터 메모에 대한 강의를 들으며 이대리가 능청스럽게 묻는다.

"당연히 안 되지. 내 모든 것이 메모되어 있는데 이걸 보여 달라고 하는 건 엄연히 프라이버시 침해라구."

박과장은 자신의 수첩을 두 손으로 꼭 움켜쥐고서는 밖으로 나가면서 이대리에게 손짓을 한다.

"이대리, 점심 안 먹어? 이 시간만 되면 칼같이 식당으로 달려가는 사람이?"

"벌써 시간이 그렇게 됐나? 메모 때문에 내 배꼽시계도 섰나보네."

"하하하. 네 배꼽시계가 멈출 때도 있냐? 하하하."

식당에서도 밥은 안 먹고 수첩만 들여다보고 있는 이대리. 이를 본 박과장이 미소를 지으며 말을 건넨다.

"야, 이대리. 뭘 그리 골똘히 생각하고 있냐?"

"응, 지난번 미팅 때 메모하던 거 말이야."

"아, 그 소설 말이지?"

"우쒸, 소설은 무슨, 난 나름대로 메모한다고 한 거다. 그건 그렇고, 미팅 때도 그렇고 뭐 생각나는 것들도 그렇고 이럴 때마다 어떻게 메모를 해야 할지 궁금해서 말이야."

"하하. 그것 때문에 밥도 안 먹고 고민하셨어? 그렇다면 이 상사님이 한 수 가르쳐 주지."

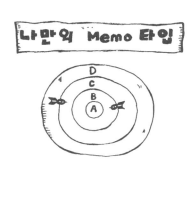

5.상황 별 메모

    메모는 언제 어디서 어떤 상황에서나 가능한 상태여야 한다. 누구나 한번쯤은 경험해 봤으리라 생각되는데 화장실에서 볼일을 보고 있을 때 또는 지하철이나 버스 등 대중 교통을 이용하는 중이거나 운전을 하고 있을 때 갑자기 자신이 생각해도 정말 멋진 아이디어가 번뜩 떠오를 때가 있다. 이때 그냥 '기억해 두었다가 나중에 써먹어야지'라고 생각하지만, 시간이 지나면 그 반짝반짝한 아이디어를 기억하기는커녕 아이디어가 있었다는 것조차 기억하지 못하게 된다. 따라서 메모는 아무 때나 바로 할 수 있는 상태가 되어 있어야 한다.

    자신이 어떤 상황에 있느냐에 따라 메모하는 방법 또한 달라진다. 편하게 책상 앞에서 메모하는 것과 흔들리는 버스 안에서 메모하는 것은 전혀 다른 메모가 될 수밖에 없다. 또한 메모를 위한 준비를 미리 해 두면 필요한 내용을 빠짐없이 메모할 수 있다.

자신이 메모해야 할 몇 가지 상황을 예로 들어 보았다. 이 외에 다양한 상황이 있겠지만, 아래의 예를 자신에게 맞게 만든다면 어떤 상황에서라도 메모해야 할 내용을 충실하게 담을 수 있을 것이다.

회의 및 미팅(명함)

회의나 미팅의 경우 미리 시간을 정해놓고 진행하게 되는데, 이는 회의나 미팅 내용을 정리하는 담당자나 참석자에게는 사전에 준비를 할 수 있다는 말과 같다. 또한 장소가 대부분 회의장이나 미팅 룸에서 이루어지기 때문에 안정된 메모를 할 수 있는 여건이 된다. 따라서 가급적 큰 수첩 또는 A4용지를 이용해서 메모하는 것이 좋다. 회의나 미팅을 하다 보면 상황에 따라 그림, 또는 그래프 등과 같은 다양한 형태의 메모를 해야 하는 경우가 종종 생기기 때문이다.

회의록을 정리하고 보고해야 하는 담당자의 경우 서식에 맞추어 미리 준비하고 들어가 회의 내용을 꼼꼼히 기록하지만, 보통의 경우 참석자는 서로의 의견을 주고 받아가며 필요한 메모만을 한다. 앞에 '메모의 단순화'에서도 잠시 언급했지만, 회의에 참석하는 사람들의 이름을 메모지에 미리 나열해 두거나 서로 인사하며 받은 명함을 나열해 둔 다음, 명함에 기호를 붙여 회의 시 발언자가 누구인가 확인한 후 이름이 아닌 기호를 표시한 다음 발언자의 내용을 메모하면 보다 쉽게 메모를 할 수 있다.

회의 때나 미팅 시 다른 사람들의 발언에 대해 의문점이 생기면 바로 메모해 두었다가 발언이 끝나면 꼭 질문을 한다. 물론 질문에 대한 답변에 대해서도 메모해 둔 질문 옆이나 아래에 메모해 둔다.

회의나 미팅이 끝나면 자신의 자리로 돌아와 다른 일보다 가장 먼저 해야 할 일이 있다. 그것은 바로 메모한 내용을 다시 한 번 보고 자신이 해야 할 일이 있는지 체크한 다음 바로 '할 일' 목록에 옮겨 적는 것이다. 이렇게 바로 할 일을 옮겨 놓게 되면 일을 잊거나 놓치지 않고 할 수 있다. 필자의 경험에 의하면, 대다수의 사람들은 회의나 미팅이 끝난 후 열심히 메모해 둔 수첩을 자신의 책상 위나 서랍 속에 그냥 넣고는 다음 회의 때까지 꺼내보지 않는다. 물론 그 중에서 기억에 남았던 자신의 일들 몇 가지는 해결하지만, 몇몇 일들은 잊은 채로 있다가 처리하지 못해서 문책을 받는 경우도 있다.

갑자기 떠오르는 아이디어

대중교통(지하철, 버스, 택시)이나 운전 중 또는 화장실 안에서, 아니면 일을 하다가 갑작스럽게 떠오른 아이디어, 그리고 잊고 있던 중요한 일들, 어렴풋이 기억하고 있던 것을 잘 기억해 내려고 애를 쓰던 경험이 누구나 있을 것이다. 이럴 때 어떤 사람들은 그냥 흘려버리는 사람도 있고, 어떤 사람들은 기억해 두었다가 나중에 활용하려고 하기도 한다. 하지만, 정작 시간이 지나면 기억해 두려고 애를 쓴 것조차도 기억하지 못하기 일쑤이다.

성공한 사람들의 이야기를 들어 보면 어떤 순간에도 메모를 할 수 있도록 항상 메모지를 준비하고 순간 떠오르는 모든 것을 바로 메모한다고 한다. 필자도 어느 자리에 있든지 손만 내밀면 메모할 수 있는 도구가 잡히도록 주변에 항상 메모 도구를 준비해 놓고 어떤 생각이 떠오를 때마다 바로 메모한다.

이렇듯 갑작스럽게 떠오르는 아이디어나 생각들은 시간과 장소를 가리지 않는다. 또한 떠오른 것들이 여러 형태일 수

있기 때문에 항상 휴대할 수 있는 작은 메모도구가 좋다.

전화 통화 중

전화통화의 대부분이 얼핏 들으면 잡담을 나누는 듯 보이지만, 그 안에는 자신도 무심코 흘려버리는 많은 정보들이 오고 간다. 친구나 동료 또는 거래처 및 고객의 정보들을 얻을 수 있으며, 약속 또는 기술적 정보 등 수도 헤아릴 수 없을 만큼 그 종류도 다양하다. 하지만 많은 사람들은 이런 정보를 무심코 그냥 듣고 흘려버리는데 이는 메모의 중요성이나 필요성을 알지 못하기 때문이다. 메모에 대한 인식이라 해야 고작 전화해 달라거나 전화가 왔었다는 내용을 메모하여 관련자에게 전달해 주는 정도이다.

보통 업무적인 전화일 경우 그 내용이 간단하고 필요한 것들만 서로 이야기한 후 끊지만 짧게 통화한 와중에도 상황에 따라 중요한 내용들이 담겨 있을 수도 있다. 따라서 전화기 옆에는 항상 메모할 수 있는 메모지와 펜을 준비해야 한다. 그리고 습관적으로 통화 내용을 앞에서도 이야기한 '키워드형 메모법'을 통해 메모를 해 두면 통화 이후에도 어떤 내용을 주고받았는지 확실하게 알 수 있다.

또한 어떻게 보면 가볍게 볼 수도 있고 '뭐 그런 것까지' 하며 웃고 넘어갈 수 있는 것이 있는데, 바로 내가 전화를 걸어 통화를 한 것인지 아니면 상대로부터 걸려온 전화를 받아 통화를 한 것인지에 대한 것이다. 오래 전 프로그래머로 일을 할 때 한 고객사가 자칫 큰 문제로 비화될 수 있는 문제에 대해 불만을 제기해 왔는데, 고객사가 주문한 기능과 다른 기능을 자신들과 협의 없이 일방적으로 수정을 했다는 것이었다. 필자는 그 즉시 당시 고객사와 미팅 때마다 메모한 프로젝트

노트를 찾아 수정 건에 대한 미팅 메모를 찾을 수 있었다. 미팅 당시에는 없었지만, 미팅 후 고객사의 담당 팀장이 전화를 통해 수정 건에 대해 이야기를 했던 내용이 있었다. 필자는 메모한 내용을 카피하여 담당 팀장에게 보낸 후 전화를 걸어 당시 상황을 이야기하여 문제를 해결했다. 만일 전화메모 앞에 전화를 받은 것인지 아닌지에 대해 기호를 붙여 두지 않았거나 따로 메모를 해 두지 않았다면 심각한 문제에 봉착했을 것이다.

　전화메모에는 기본적으로 반드시 들어가야 하는 것이 있다. 전화통화를 한 날짜, 시간, 통화 상대의 이름 그리고 전화를 받은 것인지 건 것인지의 여부 등을 메모한 뒤 통화내용을 메모하면 된다. 물론 상황에 따라서 통화내용을 먼저 메모한 뒤 나머지를 메모해 두어도 무관하지만, 자신의 기억력을 너무 믿기 이전에 메모를 먼저 해두는 것이 좋다.

독서 중

　책에는 우리가 생각하는 것 이상의 엄청난 지식들이 들어 있다. 이러한 지식을 단돈 만원 정도에 얻을 수 있다는 것을

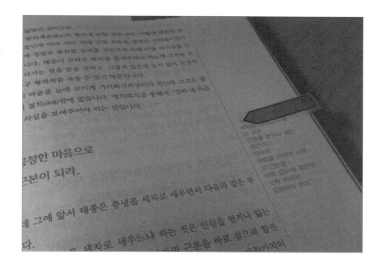

독서 메모에 필요한 도구

알고 있다면 독서의 위대한 능력 또한 알고 있을 것이라 생각된다. 하지만, 독서 또한 메모처럼 자신의 삶에 적용하거나 활용하지 않는다면 큰 의미를 상실하고 말 것이다.

흔히 독서광 또는 공부 잘하는 사람이나 일 잘하는 사람들을 보면 책을 그냥 놔두지 않는다. 어떤 사람들은 이들의 책을 보고는 '책을 좋아한다는 사람이 책을 이렇게 험하게 보느냐'라고 하기도 하는데, 그 이유는 독서 중 중요하거나 기억하고 있으면 좋을 만한 문구 등이 있게 되면 각종 펜이나 인덱스 또는 포스트잇 등으로 표시 작업을 하기 때문이다. 이렇게 표시하거나 직접 메모해 두었다가 책을 다시 보거나 참고할 때 표시 또는 메모한 내용을 중점으로 보면 책 내용을 전반적으로 확인할 수 있다. 다만 책을 언제까지나 항상 보관하고 있어야 하고 책이 늘어남에 따라 표시나 메모한 것을 찾는 것에도 많은 시간과 노력이 들어가게 된다.

필자가 구입한 책에는 포스트잇과 인덱스용 테이프가 맨 뒷장 안쪽에 붙여져 있다. 책을 읽다가 좋은 문구나 아이디어 또는 중요하다고 여겨지는 내용이 나오면 바로 메모하거나 인덱스용 테이프를 붙여 둔다. 간혹 포스트잇에 나름대로의 의견 아니면 다른 생각 등을 적어 놓기도 한다.

책을 끝까지 읽고 나면 전체적으로 정리를 하는데 이 때 마인드맵을 통해 목차를 중심으로 하여 메모한 내용을 각 카테고리에 맞게 넣어 둔다. 이렇게 하면 나중에 책이 없을 때 마인드맵만 보더라도 그 책의 내용을 모두 파악할 수 있다.

여행 중

여행이라고 하면 휴가, 휴식, 바다, 산 등 여러 가지가 생각날 것이다. 어떤 사람들은 별다른 계획 없이 무작정 여행을 떠나기도 하고, 또 어떤 사람들은 철저한 계획 아래 여행을 떠나기도 한다. 어떤 형태로 여행을 가든 여행은 우리에게 많은 경험과 더불어 추억을 남겨 준다.

여행을 하게 되면 평소 여유 없이 바쁜 시간 속에서 생각하지 못했던 것들을 생각할 수 있는 여유가 생기기 마련이다. 편안한 마음과 여유로운 시간에 멋진 아이디어들이 쏟아져 나올 수도 있고, 실마리를 풀지 못해 고심하고 있던 문제들이 의외로 쉽게 풀릴 수도 있다. 여기서 재미있는 것은 이렇게 매우 중요한 것들이 불쑥 머릿속을 스치고 지나간다는 것이다. 이때 당신은 어떻게 하는 것이 최상의 방법이라고 생각하는가? 방법은 오직 한가지이다. 바로 메모하는 것이다. 그리고 바로 그 문제에 대해서는 잊어버리고 여행을 마음껏 즐긴 다음 나중에 시원하게 풀어가는 것이다.

여행의 또 다른 재미는 평소 보지 못했던 것을 보고 들으며 새로운 경험을 하나씩 쌓아 가는 것이다. 여행을 취미로 즐기는 사람들을 보면 카메라와 포켓용 수첩, 펜을 항상 소지하고 매 순간마다 메모를 하곤 한다. 최근 이렇게 메모한 것을 자신의 블로그에 올려 유명 블로거가 된 사람들도 있고 책으로 출판하여 수익을 올리는 사람들도 있다.

여행 메모를 블로그나 카페에 게시하거나 책으로 출판하여 여러 사람들에게 나눌 수도 있지만, 정말 중요한 것은 자신의 경험이 풍부해지는 것과 좋은 추억이 많이 남는다는 것이다.

세미나 참석 중

세미나에 참석하는 것은 강사의 풍부한 지식을 전달 받는 것과 같다. 따라서 메모량이 다른 때와 달리 많기 때문에 미리 도구를 준비해 두는 것이 좋다.

대부분의 세미나 내용은 다양한 형태로 나오게 된다. 요즘 강연장에는 빔프로젝트가 구비되어 있어서 강의가 프리젠테이션 형태로 진행되므로 사전에 강의 자료를 프린트하여 제공하는 곳이 많다. 이때 별도의 노트나 수첩에 대부분의 내용을 메모하는 경우가 많은데, 나중에 제공된 자료와 메모를 일치시키는 데 어려움을 겪을 수 있다. 될 수 있으면 자료의 해당 페이지에 직접 메모를 하는 것이 가장 효과적이다. 제공된 자료에 메모를 할 때 먼저 포스트잇과 서너 가지 정도의 서로 다른 펜을 준비하는 것이 좋다.

자료에 직접 메모하려고 해도 메모할 수 있는 공간이 많지 않아 충분히 메모를 할 수 없는 경우가 있다. 이 때 해당 부분에 포스트잇을 붙이고 난 후 관련 메모를 하면 충분한 내용을 담을 수 있어 효과적이다.

펜은 가능하면 서로 다른 기능성 있는 것을 사용하는 것이 좋다. 필자가 주로 사용하는 펜은 검정, 주황, 초록색으로 구성되어 있는 멀티펜과, 주황색 및 연두색으로 되어 있는 형광펜이다. 검정색으로는 주로 강사의 강의 내용을 메모하며, 중요하거나 나중에 참고해야 할 것은 주황이나 초록색으로 메모한다. 형광펜은 자료에 중요한 부분을 표시할 때 사용한다. 이렇게 해 두면 나중에 자료를 보더라도 어느 부분이 중요한 포인트인지를 확실하게 알 수 있고 메모한 내용을 토대로 강사가 이야기한 전반적인 부분을 떠올릴 수 있다.

웹사이트 서핑 중

웹사이트를 서핑하다 보면 쇼핑몰, 커뮤니티, 블로그, 기업 사이트 등에서 생각지도 못했던 정보를 얻는 경우가 있다. 어떻게 보면 가볍고 쉽게 흘려버릴 수 있는 것들이지만, 반대로 눈에 들어오는 것들을 습관처럼 메모해 두면 당장은 정보의 가치가 낮더라도 향후 상황에 따라 정보의 가치가 높아질 수 있다.

웹사이트의 정보를 메모하는 방식은 여러 가지가 있지만, 여기서는 세 가지 방식을 소개한다. 먼저 '즐겨찾기'에 웹사이트 주소(도메인)를 저장하는 것이다. 즐겨찾기에 저장을 해 두면 향후 다시 해당하는 사이트를 찾을 때 검색사이트보다 더 빠르게 찾을 수 있다. 웹사이트를 즐겨찾기에 계속해서 넣다 보면 자신이 원하는 웹사이트를 바로 찾기어려워지므로 웹사이트의 특성이나 주제를 고려하여 카테고리를 만들어 활용하면 좋다. 다만 세부적인 정보를 바로 메모할 수 없기 때문에 차후 정보를 얻기 위한 곳을 모아 두는 것이라고 생각하면 이해가 빠를 것이다. 어쨌든 이 또한 메모의한 종류임에는 틀림이 없다.

즐겨찾기는 웹사이트 전체만을 보기 때문에 세부적인 정보, 즉 필요한 콘텐츠만을 넣을 수 없다. 따라서 두 번째로 해당하는 정보를 카피하여 아웃룩의 메모나 원노트의 '보내기' 기능을 이용해 메모할 수 있다. 이렇게 컴퓨터에서 활용하기 위해서는 앞서 이야기한 마이크로소프트사의 아웃룩이나 원노트가 반드시 설치되어 있어야 한다.

세 번째는 순수 아날로그 방식으로 컴퓨터 옆에 항상 수첩을 펴 놓고 직접 메모하는 방식이다. 수첩에 웹사이트의 정보를 메모할 때에는 해당 정보를 메모한 뒤 그 정보가 어디 있었는지에 대한 내용 또한 메모해 두어야 한다. 차후 관련된 정보를 다시 찾기 위해 해당 웹사이트를 찾아야 하기 때문이다.

세미나에 참석한 박과장과 이대리, 함께 자리에 앉아 강사의 강의를 열심히 듣고 있다. 요즘 들어 부쩍 메모에 관심을 갖고 있는 이대리가 그냥 듣기만 하고 있자 박과장이 귓속말로 속삭인다.

"이대리, 너 메모 안하냐?"

"아차, 메모해야지."

"쯧쯧, 아직 습관이 안됐군."

세미나가 끝나고 회사로 돌아가는데 이대리가 답답한 표정으로 뭔가 말하려는 듯 박과장을 쳐다보다가 이내 외면한다.

석연찮은 이대리의 표정이 마음에 걸린 박과장이 이대리에게 말을 건다.

"왜 그래?"

"응, 사실 메모 좀 해보려고 하는데 자꾸 메모하는 것 자체를 까먹네. 건망증이 심한 건가?"

"하하, 그건 건망증이 아니라 습관이 배어 있지 않아서 그래. 나도 처음엔 수첩을 들고 다니기만 하고 메모는 하나도 못했다. 손에 들고 있었는데도 말이지."

"정말? 너도 그랬단 말이야?"

"그럼, 나도 사람인데 안 그랬겠냐? 나도 메모 습관 만드느라 무지 고생했지. 좀 특별한 방법을 쓰긴 했는데 너한테도 알려 줄까?"

"그래, 알려주라. 대신 맛있는 것 사 줄게. 제발 알려줘."

"아, 알았어. 그런데 맛있는 것 뭐 사 줄거냐? 그 약속 꼭 지켜야 한다. 알았지?"

6.메모 습관 기르기

　많은 사람들이 메모에 대해 언제나 할 수 있다고 매우 쉽게 생각하고 있다. 하지만, 이를 지속적으로 하라고 하면 대부분 스스로 중도에 포기하고 만다. '오늘부터 메모 안 한다' 이렇게 무우 자르듯 선을 긋고 중단하는 건 아니지만 언젠가부터 차츰 메모를 소홀히 생각하고 귀찮아하다 보면 어느새 메모를 하지 않고 있는 자신을 발견하게 된다. '머릿속에 기억하면 되지 뭐 하러 메모하나?' 또는 '필요할 때만 하면 되지 뭐 하러 귀찮게 하나?' 등 자신이 포기한 것에 대해 부끄러움은 온데간데 없고 자신의 행동을 정당화하려는 핑계거리만 내세우기 급급하다.

　사실 메모를 처음부터 지속적으로 한다는 것은 쉽지 않다. 이는 메모에 대한 습관이 몸에 배어있지 않기 때문이다. 한 예로 웹사이트를 보던 중이나, 독서 또는 TV를 보다가 어떤 아이디어가 떠오르거나 물건에 대한 정보가 나와 있는 것을 봤을 때 대부분 머릿속으로 잠시 집중하여 생각하고는 그냥 지나쳐 버린다. 하지만, 메모 습관이 잘 배어있는 사람의 경우 생각과 동시에 바로 메모지를 꺼내어 메모해 둔다. 거의 반사적인 행동인 것이다.

이처럼 메모에 대한 욕심에 방법을 먼저 배우려고 하기보다는 우선 메모에 대한 습관부터 만들어 가면서 메모를 해 나간다면 메모에 대한 재미까지 더해지기 때문에 그 효과는 배로 커진다.

메모도구 휴대하기

평소 옷차림을 가볍게 하고 다니던 사람에게 메모도구를 항상 지참하고 다니라고 하면 좀 번거롭게 생각할 수 있다. 필자도 손에 뭔가를 들고 다니는 것이 불편하기 때문이다. 그렇다고 모처럼 메모를 제대로 하려고 하는데 메모도구를 휴대하는 것이 불편하다고만 한다면 이미 메모하는 습관 갖는 것을 포기하는 것과 같다.

메모의 도구부터 항상 휴대하는 것이 메모의 습관을 들이는 첫 단계이다. 메모 도구가 있어야 메모를 할 수 있기 때문이다. 그러기 위해서는 먼저 멋과 디자

인을 생각하기 이전에 휴대가 간편한 메모지를 구입하는 것이 좋다. 가급적 주머니에 넣고 다닐 수 있는 크기의 메모지를 구입한다면 굳이 불편하게 손에 들고 다닐 필요가 없어진다.

　필자는 다행히 초등학생 때부터 메모에 관심이 많았던 덕에 자연스럽게 습관화가 되었지만, 지금도 손에 뭔가를 잘 들고 다니지는 않는다. 포켓 사이즈의 메모 수첩을 항상 주머니에 넣고 다니다가 메모할 때 꺼내어 쓴다. 하지만, 여름에는 포켓 사이즈 수첩도 주머니에 넣기 쉽지 않다. 주머니라고 해야 고작 바지 주머니 밖에 없기 때문이다. 필자는 이럴 때 A4용지를 이용한다. A4용지를 두 번 접어서 뒷주머니에 넣고 다니면 휴대하기도 좋고 메모하기에도 비교적 좋다.

금전 출납부부터 시작

오늘 당신이 하루 동안 쓴 돈이 얼마인지 알고 있는가? 내 주변 사람들에게 간혹 이런 질문을 하면 한참을 머릿속으로 계산을 하다가 대답하곤 한다. 그러면서도 자신이 부자가 되기를 간절하게 소망하는 사람들이 많다. 하루에 자신이 얼마나 쓰는지도 모르면서 말이다.

재테크를 잘하는 사람들의 이야기를 듣거나 재테크를 잘하려면 어떻게 해야 하느냐고 물어 보면 그들은 같은 맥락의 두 가지 대답을 하는데, 첫 번째는 저축이고 두 번째는 가계부를 쓰는 것이다.

가계부를 쓰는 것 또한 메모와 같다. 편의점에서 음료수를 하나 구입하고 자신의 가계부에 무엇을 구입하고 얼마를 썼는지를 바로 메모해야 하기 때문이다. 분명한 것은 누구나 매일 무엇을 구입(물건이든 서비스이든)하기 위해 자신의 지갑에서 돈이나 신용카드를 꺼낸다. 이렇게 순간적으로 발생하는 지출을 가계부나 메모지에 바로 메모하기 시작한다면 이것이 메모의 습관을 만드는 데 지름길이 될 뿐만 아니라 부자가 되는 첫 걸음이 될 것이다.

가계부를 쓰려고 실제 가계부를 구입하기보다는 먼저 휴대하기 좋은 메모지를 구입하는 것이 좋다. 그 메모지에 그날 지출이 발생할 경우 바로 메모하는 것이다. 뿐만 아니라 다른 것도 생각나는 대로 바로 메모하기 시작하면 더욱 좋을 것

이다. 이런 것이 습관이 되기 시작하면 그때 별도의 가계부를 구입한다. 자신이 지출한 비용과 벌어들이는 수익을 가계부에 메모하고 매달 지출할 계획을 세우기 시작한다면 당신은 부자가 되기 시작하는 길에 들어가게 되며 자신도 모르게 메모의 습관이 몸에 녹아들게 될 것이다.

낙서는 메모의 기초

여러분들도 학창시절에 낙서는 많이 해 봤을 것이다. 그러나 시간이 지나 성인이 되면서 뭔가를 종이에 쓴다는 것을 점차 잊어버리고 만다. 종이에 펜으로 뭔가를 쓰는 것은 오로지 업무와 관련된 것들뿐이거나 잡지의 낱말 맞추기 정도일 것이다. 특히 컴퓨터가 생활화되면서 펜과 종이를 만질 기회가 더욱 적어진 것 또한 사실이다.

필자는 지금도 종종 낙서를 한다. 특히 머릿속이 매우 복잡하거나 뭔가 특별한 아이디어를 구상할 때는 많은 시간을 종이에 낙서를 한다. 이를 보는 다른 사람들은 일은 안하고 낙서만 한다고 오해를 하기도 하는데, 낙서를 통해 복잡한 머릿속을 정리하기도 하고, 멋지고 훌륭한 아이디어까지는 아니

지만 쓸 만한 아이디어를 만들어내곤 한다.

메모도 마찬가지다. 길을 가다가도 화장실에서 큰일을 보다가도 뭔가 생각나면 그 생각이 쓸 만한 것이든 아니든 간에 우선 메모부터 한다. 이때 주의할 점은 이렇듯 번득이는 아이디어를 굳이 잘 쓰려고 하다 보면 그 순간에 떠오르던 것을 놓칠 수도 있기 때문에 낙서하듯 빠르게 메모를 하는 것이 좋다. 그것이 글이든 그림이든 말이다.

어느 누구든 간에 처음부터 메모를 잘 할 수는 없다. 많은 사람들이 처음부터 깔끔하게 메모를 하려고 노력을 하지만, 얼마 못 가서 포기하고 만다. 메모는 어디까지나 메모다. 깔끔하게 쓰려고 하지 않아도 된다. 좀 더 쉽게 말하자면 나중에 자신이 알아 볼 수 있도록만 쓰면 된다는 것이다.

하루를 정리해 보자.

간혹 메모를 정리하다 보면, 하루 일과나 느낌 그리고 그날의 일들을 간략하게 메모한 것을 보며 마치 영화의 한 장면처럼 과거의 나를 돌아보곤 한다. 이런 추억을 돌아볼 수 있었던 것은 일기처럼 메모를 해 두었기 때문이다. 그렇다고 어린아이처럼 일기장에 일기를 쓰라는 것은 아니다.

오늘 하루 당신에게 기억할 만 한 것이 무엇이 있는가? 그것이 좋은 것이든 나쁜 것이든 간단하게 메모해 보기 바란다. 한 줄 아니 더 짧은 문장이라도 좋다. 이런 것들이 조금씩 모이다 보면 당신이 어떤 삶을 살아왔는지에 대해 먼 미래에도 알 수 있게 될 것이다.

만일 당신이 임신한 예비 엄마이거나 예비 아빠라면 지금부터 아기를 위한 메모를 매일같이 해보기 바란다. 아기를 생각하는 마음이나 자신의 느낌 같은 것을 적어보는 것이다. 그

리고 그 메모를 아기가 자라서 결혼할 때 선물로 주면 어떨까? 아이에게는 그보다 더 값진 선물은 없을 것이다.

또 어떤 프로젝트를 진행하기 시작한다면 그 프로젝트에 관해 시작부터 끝나는 시점까지 메모를 해 보는 것은 어떨까? 이런 메모는 다음 프로젝트 진행에 커다란 도움이 될 수 있는, 스승과 같은 역할을 하게 된다.

구내식당이 없는 경우라면 누구나 식사 시간이 되기도 전에 '오늘은 또 뭘 먹나' 고민한 경험이 있을 것이다. 필자의 메모장에는 근처에 있는 식당 전화번호와 메뉴판이 메모되어 있다. 식당의 메뉴 스티커를 메모지에 붙여도 되겠지만, 필자는 메뉴 옆에 점수를 메모한다. 이 점수는 메뉴별로 주문하여 먹어 본 후 입맛에 따라 맛있는 것일수록 점수를 높게 표시해서 다음에 식사를 주문할 때 참고하여 주문을 한다. 굳이 이렇게까지 할 필요가 있겠는가 반문하는 사람도 있겠지만, 때가 될 때마다 고민하는 것보다는 좋다고 말하고 싶다.

지금까지 필자가 예를 들었던 이 모든 메모는 긴 메모를 요구하는 것도 전문적인 기술을 요구하는 것도 아니다. 오로지 당신 머릿속에 생각나는 것을 그냥 수첩에 메모하기만 하면 되는 것이다.

365 매일 쓰는

메모 습관 04

메모의
활용

메모는 기록하기 위해서 하는 것이 아니라
활용하기 위해 하는 것임을 명심하기 바란다. 밥을 짓는 이유가 먹기 위해
서이지 밥을 하는 행위가 최종 목적이 될 수 없듯, 메모도 단지 기록을 위
한 행위가 아님을 명심해야 할 것이다.
4장에서는 어렵게 습관을 들여 온갖 생각과 일, 정보들을 메모한 것을 활용
하는 방법에 대해 이야기해 보도록 하겠다.

"**이대리,** 신상품 매출현황표 만들었어?"

박과장이 이대리에게 묻는다.

"뭐? 무슨 현황표?"

이대리는 황당한 표정을 지으며 박과장을 바라본다. 그런 이대리의 표정을 박과장은 어이없다는 듯 바라보다가 조금 화난 표정으로 말을 잇는다.

"이대리, 내가 3일 전에 말했잖아. 내가 말한 것 메모했어?"

"당연히 메모했지."

이대리의 천연덕스런 대답에 박과장은 어이가 없다.

"그런데도 내가 언제 그랬냐는 표정을 짓는 거야?"

"아니, 메모는 했는데, 메모한 걸 체크를 안했네…."

어쩔 줄 몰라 하며 말끝을 흐리는 이대리를 보니 박과장은 한숨만 나온다.

"에휴. 이대리. 메모는 메모하는 것 자체도 중요하지만 메모한 것을 활용하는 것이 더 중요해. 아무리 좋은 아이디어를 메모해도 그 메모를 활용하지 않으면 그 아이디어도 죽은 아이디어나 마찬가지가 되고 말지."

"아니, 그럼 그렇게 중요한 걸 진작 알려주지. 그럼 현황표를 벌써 만들어 주었을 거 아냐."

"핑계는…. 지금부터 알려 줄테니 잘 듣고 앞으로 이런 일
이 없도록 해라."

박과장의 말에 이대리는 환한 미소를 지으며 박과장에게
애교스러운 표정으로 대답한다.

"오~~~케이!"

1.메모를 계획으로 분류하고 실행하라

　메모하는 습관이 어느 정도 생기고 재미를 붙이면 자신도 모르는 사이에 메모장에는 온갖 잡다한 내용의 메모들이 들어가 있는 것을 보게 될 것이다. 어떤 메모는 의식적으로 하기도 하지만, 또 어떤 메모는 언제 이런 메모를 했는지 알쏭달쏭할 때도 있을 정도로 메모량이 많아지게 된다. 이렇게 메모한 것들을 다시 들여다보면 각 메모마다 그 성격이 다르다는 것을 알 수 있다.

　순수 정보를 지닌 메모, 오늘 어떤 일들이 있었는지 등을 메모한 일기 메모, 회의나 미팅 등 커뮤니케이션에 관한 메모 그리고 내가 해야 할 일들을 메모한 것 등 여러 성격의 메모를 볼 수 있다. 여기에서 정보나 일기 메모 등은 시간이 지난 뒤에 봐도 무관한 것들이지만, 커뮤니케이션 메모나 할 일들의 메모는 시간이 지나가게 되면 메모에 대한 가치가 없어지게 될 뿐만 아니라 제때에 일을 처리하지 못하면 업무에 막대한 지장을 초래하고 회사에 큰 손실을 안기는 등의 문제를 야기할 수도 있다.

실행에 효과적인 도구 프랭클린플래너

　매주 월요일이나 금요일에 주간회의를 할 때 각 담당자나
팀별 업무 진행상황을 발표하고 여러 가지 일에 대해 이야기
를 나누는데, 이야기 중 자신의 업무에 해당되는 이야기가 나
오거나 다른 사람의 이야기를 하다가도 자신에게 해당되는
업무에 관한 이야기가 언급될 수도 있다. 이런 것들은 당연히
즉시 메모를 해야 한다. 보통 회의시간에 메모를 위한 수첩을
가지고 들어가 회의에 대한 내용을 메모를 하지만, 회의가 끝
나고 자신의 자리로 돌아오면 회의 내용을 메모한 수첩을 책
꽂이에 꽂아 두거나 서랍 속에 넣고는 다음 회의 때까지 열어

보지 않는 경우가 대부분이다. 그리고는 자신의 기억에 남았던 내용만을 믿고 생각나는 대로 일을 하다가 중요한 일을 놓치곤 한다.

회의가 끝나고 자신의 자리로 돌아와 바로 회의 메모를 확인하면서 자신이 처리해야 할 일들을 아래 표처럼 분류하여 해당하는 날짜의 할 일 목록에 옮겨 적어 놓는다면 업무 효율이 매우 높아지게 될 것이다.

뿐만 아니라 내가 해야 할 일에 대해서만큼은 매일 일과가 시작되기 전에 미리 정리해 두는 것이 좋다. 이렇게 정리해 둔 메모는 내가 오늘 해야 할 일을 알려 주는 일일 계획이 되기 때문이다.

당장 해야 할 것	일주일 안에 해야 할 일들로, 일정이나 할 일을 해당하는 날짜에 바로 적어놓고 당일 일들을 꼭 처리한다.
앞으로 해야 할 것	특별히 마감일이 정해지지 않은 일이지만 꼭 해야 하는 일들로, 별도의 업무 리스트를 만들어 메모해 둔 다음 수시로 체크한다.
위임 해야 할 것	자신이 처리할 수 없거나 업무 성격상 다른 사람이나 다른 팀에게 업무를 위임해야 할 일들로, 위임을 한 뒤에도 일이 완료되었는지 체크한다.

2.지식 보물창고를 만들어라

메모의 또 다른 목적은 자신만의 지식 데이터베이스를 만들어 가는 것이다. 인터넷 포털 사이트들이 너도나도 지식관련 서비스를 만들어 이용자로 하여금 다양한 지식 데이터베이스를 쌓아 서로 공유할 수 있도록 하고 있다. 전 세계 네티즌들의 지식을 한 데 모아 서비스하고 있는 '위키백과 (www. wikipedia.org)'가 그 중 하나라 할 수 있다. 하지만, 이런 지식은 포괄적인 분야를 다루고 있으므로 자신에 맞는 맞춤형 형태의 지식으로서는 그 가치가 좀 떨어진다고 하겠다.

필자는 필요한 메모 외에도 평소 관심이 있는 분야나 주변의 일까지 메모에 담아 둔다. 다른 사람들이 보면 '꼭 저런 것까지 메모해야 하나'라고 할 수도 있는 것들도 있지만, 시간이 지나면서 점차 가치 있는 정보가 되는 경우가 많다.

필자의 강의 자료는 글보다는 이미지(사진)들이 대부분을 차지하고 있는데 이는 여러 가지 사례를 사진으로 보여주어

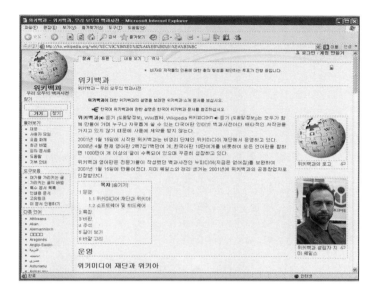

위키백과 한국어판

이해를 더욱 쉽게 하기 위함이다. 이런 이미지를 필요에 따라 찾아서 쓰려고 하려면 많은 시간을 들여야 하는데, 평소 웹사이트를 보다가 일에 관련된 것이나 아니면 나중에 쓸 만 하다고 생각되는 사진들을 지식 데이터베이스에 저장해 두었다가 강의 준비에 종종 활용하여 빠른 시간에 자료들을 만들 수 있게 되었다. 때로는 모아둔 사진을 보다가 새로운 강의 아이디어를 만들어 내기도 한다.

3.메모를 한 곳으로 집중하라

메모한 것을 찾으려고 책상 위부터 서랍 그리고 수첩, 메모지 등을 한참 뒤적거리고 찾은 경험이 있을 것이다. 메모의 성격에 따라 여러 권의 수첩이나 노트를 이용하거나 접착용 메모지 또는 휴대용 메모지 등 여러 가지를 쓰다 보면 나중에 메모한 내용을 찾으려고 할 때 많은 시간과 노력을 들여야 한다. 이렇게 여러 곳에 메모한 것들을 한 곳에 모아 두면 어떻게 될까?

자신만의 지식 데이터베이스를 만들기 위해서는 모든 메모를 한 곳에 집중시키는 것이 중요하다. 휴대용 메모지에 메모한 것, 회의 수첩에 메모한 것, 사진 촬영한 사진형태의 메모 등을 따로 둔 상태에서 그 메모를 활용하기 위해 메모를 찾아 나서려면 많은 수고와 시간을 허비하게 될 뿐만 아니라 쌓여 가는 메모지 때문에 책상이나 서랍이 정신없게 되기도 한다. 이런 메모 관리는 메모의 효율을 떨어지게 하여 스스로 메모를 포기하게 만드는 가장 큰 요인이 되기도 한다.

　메모를 한 곳에 집중해 두면 크게 두 가지의 장점이 있다. 첫 번째는 원하는 메모를 이곳저곳 찾아볼 필요 없이 메모가 모여 있는 곳에서 빠르게 찾을 수 있다. 이를 디지털을 이용해 바로 입력해 두면 디지털의 장점인 검색을 통해 바로 찾을 수 있기 때문에 디지털을 이용하는 것이 좋다.

　두 번째는 찾고자 하는 메모와 연관성이 있는 메모까지 함께 찾을 수 있다는 것이다. 물론 원하는 것만 찾아 활용하는 경우가 대부분이지만 때로는 연관성이 있는 메모로 인해 활용도를 더욱 높일 수 있기 때문이다.

4.메모 스크랩북을 만들어라

앞에서 이야기한 글, 음성, 사진, 그림뿐만 아니라 신문이
나 잡지 등과 같은 매체에 담긴 정보를 스크랩하는 것 또한
메모에 포함된다. 뿐만 아니라 영화 티켓이나 영수증들도 따
로 모아 두곤 하는데 이런 것 또한 메모 형태가 될 수 있다.

원노트에서의 기사 스크랩

필자가 현재의 직업을 갖기 이전에는 웹사이트 컨설턴트로 일을 했는데, 웹사이트 구성에 필요한 아이디어를 잡지의 편집디자인에서 얻곤 했다. 또한 인테리어나 좁은 공간을 보다 잘 활용하는 것에 관심이 많다 보니, 관련된 기사나 자료 등을 접하게 되면 바로 스캐너로 스캔 후 이미지로 만들어 지식 데이터베이스에 넣어둔다. 이렇게 스크랩한 자료는 간혹 의뢰가 들어오는 웹사이트 기획이나 집안을 꾸밀 때 참고하여 활용한다.

필자가 사용하는 원노트와 같은 메모용 소프트웨어의 경우 이미지로 되어 있는 텍스트까지도 검색을 한다. 아직은 영문에 한하여 검색을 하지만, 신문이나 잡지 등의 내용을 검색할 때도 매우 편하게 원하는 자료를 찾아낼 수 있게 되었다.

5. 디지털을 활용하라

디지털을 활용하기 전에는 방 한 구석에 라면박스가 항상 다섯 개 정도 놓여 있었는데, 이 박스 안에는 당시 메모가 빼곡 적힌 수첩으로 가득 차 있었다. 다섯 박스가 넘기 시작하면 오래 전에 메모한 수첩을 폐기처분할 수밖에 없어서, 과거의 메모자료를 모아 두기가 어려울 뿐만 아니라 모아둔 수첩에서 내가 찾고자 하는 자료를 찾는 것이 쉽지 않았다. 물론 나름대로 인덱스를 만들어 모아 두었기 때문에 많은 시간과 노력을 들이지 않아도 되기는 했지만, 매번 박스를 열어 해당하는 수첩을 찾는 것 자체가 일이었다.

이런 문제로 최근 1년 동안 모아둔 메모만을 남겨두고 1년이 지난 메모는 폐기한다는 사람의 말을 들은 적이 있다. 물론 가장 최근의 정보가 가장 정확한 정보가 될 수 있기 때문에 방법의 일환으로 과거 메모를 폐기할 수도 있겠지만, 또 다른 측면에서 보면 가장 오래된 정보도 중요한 정보가 될 수 있다는 것을 알아야 할 것이다.

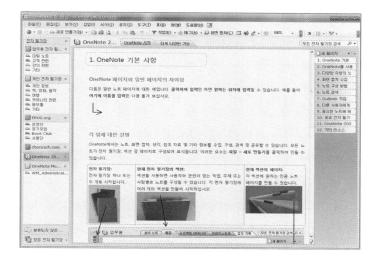

원노트

    이렇게 고민스러운 문제를 한 번에 해결해 준 것이 바로 디지털이다. 평생토록 메모한 내용을 보관하고도 남아도는 용량을 가진 컴퓨터를 활용한다면 기대 이상의 효과를 볼 수 있기 때문이다. 단 한 가지 문제가 하나 있다면 수첩에 메모한 내용 모두를 컴퓨터에 옮겨야 한다는 것이지만, 이것도 메모한 내용을 정리하는 데 하루 정도 쓴다는 생각으로 옮겨 놓게 되면 귀찮다는 생각은 온데간데 없이 사라질 것이다. 만일 이것이 메모를 정리하는 데 걸림돌이 된다면 메모 도구를 아예 스마트폰이나 PDA와 같은 디지털 도구를 쓰면 간단하게 해결될 것이다.

지식 데이터베이스를 통합관리하기 위해서는 여러 가지 방법 중에 디지털을 이용하는 것이 가장 좋은 방법이다. 디지털은 방대하고 다양한 형태의 정보를 저장할 수 있을 뿐만 아니라 원하는 정보를 단번에 찾아주기 때문이다.

필자가 메모 데이터베이스로 사용하는 소프트웨어는 마이크로소프트사의 '원노트'이다. 각 카테고리 별로 메모를 분류하여 넣을 수도 있고 텍스트, 이미지, 음성, 영상까지 모두 집어넣을 수 있기 때문에 모든 메모를 통합하여 관리할 수 있다. 또한 웹사이트의 스크랩 기능이 있어 웹사이트 내에 관련 정보를 바로 원노트에 스크랩하여 관리할 수 있다.

6.보물창고를 적극 활용하라

아무리 멋지고 최고의 성능을 자랑하는 차를 소유하고 있다고 하더라도 운행을 하지 않고 차고에만 넣어 두면 그림의 떡이나 다름없을 것이다. 메모도 마찬가지다. 많은 시간과 노력으로 만들어 놓은 자신만의 지식 데이터베이스를 활용하지 못한다면 그 노력과 수고는 쓸모없게 되기 때문이다.

그렇다면 언제 어떤 방법으로 그 동안 쌓아놓은 지식 데이터베이스를 활용해야 하고 그 효과는 어떨 것인지 몇 가지 사례를 통해 충분히 이해할 수 있도록 살펴보도록 하겠다. 이 사례를 보고 자신의 일에 도입하여 충분히 활용하기를 바란다.

기획서 작성할 때
(신규 상품 기획, 마케팅 기획, 사업 기획 등)

대부분의 기획서는 새로운 아이디어를 만들어 내거나 이미 결정된 아이디어를 토대로 만들어진다. 신규 상품기획, 신

제품에 따른 새로운 마케팅, 색다른 고객관리 등 거의 모든 부분들이 창의적이어야 하고 참신한 것들이어야 성공 가능성이 높다고 하겠다. 이런 아이디어들은 어느 한 순간에 번쩍 하고 나올 수 있는 것은 아니다.

자기계발과 관련된 강의를 하다 보면 보통 필자가 주로 하는 강의 주제에 맞게 강의 의뢰가 들어오지만, 간혹 의뢰하는 쪽에서 주제를 정해 그 주제에 맞는 강의를 해 달라고 요청하는 경우가 있다. 이럴 때 미리 준비된 자료가 있으면 강의 준비를 하는 데 그다지 큰 어려움이 없지만, 그렇지 않은 경우에는 제일 먼저 지식 데이터베이스에서 강의를 요청한 주제에 알맞은 자료들을 검색하여 찾아낸 다음 그 자료를 토대로 강의 자료를 만들어 낸다. 이런 자료에는 관련 이미지나, 통계자료 등이 있어서 강의할 때 보다 정확하고 검증된 자료를 보여줄 수 있어 효과적인 강의를 할 수 있게 된다.

뿐만 아니라 새로운 강의안을 만들 때에도 지식 데이터베이스에 담아둔 아이디어들만을 검색하여 또 다른 새로운 아이디어를 구상한 뒤 이를 강의안을 만들어 강의 의뢰를 한 기업체의 맞춤형 강의로 진행하는 경우도 있다.

기획서 또한 마찬가지다. 당신이 메모가 이미 습관이 되어 있거나 막 메모를 시작하고 있다면 분명 당신의 메모지에는 당신의 직업과 관련된 메모가 대부분을 차지하고 있을 것이다. 만일 당신이 건축설계 분야에서 일을 하고 있다면 평소 독특한 형태의 건물을 봤을 때 그 느낌을 메모해 두거나, 디지털 카메라나 휴대폰 카메라로 사진을 촬영해 둘 수 있을 것이다. 혹은 같은 분야에서 일을 하는 지인이나 친구들과 함께 이야기하다가 건축에 관한 이야기가 나오면 바로 메모해 둘 수도 있고 잡지를 보다가도 메모를 할 것이다.

새로운 건축설계에 관한 프로젝트가 생겼을 때 그것도 건물주가 될 사람이 한옥에 현대적인 감각을 살려 설계해 달라고 요청을 했을 때, 전문가라면 대부분 머릿속에서 많은 생각들이 순간적으로 스쳐지나갈 것이다. 하지만 이는 어디까지나 머릿속에서 맴도는 생각일 뿐이다. 좀 더 구체적인 아이디어를 만들어 내고자 한다면 바로 당신의 지식 데이터베이스에서 찾아 봐야 한다.

당신의 지식 데이터베이스에서 찾아낸 다른 건물들에서 느꼈던 느낌 그리고 사진들을 발견하게 될 것이다. 이런 메모를 기초로 하여 당신은 새로운 아이디어를 만들어 낼 것이고,

그 아이디어를 발판으로 하여 기획한 건축설계가 의뢰인의 마음을 움직이게 할 것이다.

가깝게는 지금 당신이 직접적으로 하는 일에 대한 내용, 그리고 멀게는 주변에 관련된 내용이나 광고, TV프로그램 등 많은 부분을 메모해 두는 것이 좋다. 이런 메모들이 쌓여 당신의 지식 데이터베이스에 담아두게 되면 멀지 않아 지식 데이터베이스의 메모를 토대로 멋진 기획서를 만들어 낼 수 있을 것이다.

프레젠테이션 작성할 때(PPT 작성 및 발표)

필자는 가끔 애플사의 CEO인 스티브 잡스의 프레젠테이션을 보는데 볼 때마다 혼자서 감탄사를 연발하곤 한다. 자사의 상품을 소개하는 자리임에도 그는 고객들로부터 박수갈채를 받으며, 소개한 상품이 출시되기 전날부터 줄을 서서 기다리다가 구매하게 만드는 능력을 가지고 있기 때문이다. 물론 상품에 대한 매력과 스티브 잡스의 화려한 설명 또한 한몫을 하지만, 그보다 더 중요한 것은 준비된 프레젠테이션 자료의 영향이 매우 크다는 것이다.

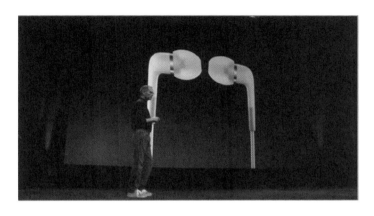

스티브잡스의 프레젠테이션

필자가 강의를 할 때도 가급적이면 글보다는 이미지로, 말보다는 숫자를 사용한다. 물론 이들은 모두 자료, 즉 스크린에 비추어지는 자료와 참석자에게 배포되는 자료에 모두 들어 있다. 이렇게 활용하는 자료는 평소 각종 웹사이트를 보거나, 길거리를 다니다가 나중에 활용할 수 있겠다고 판단하면 무조건 이미지를 내 컴퓨터에 다운로드 받거나 카메라로 촬영하여 지식 데이터베이스에 넣거나, 통계자료와 같은 자료는 화면캡처 또는 직접 메모하는 방식으로 지식 데이터베이스에 넣어 둔다. 그리고는 실제 자료를 만들 때 관련된 이미지나 통계자료 등을 지식 데이터베이스에서 찾아 바로 넣어 멋진 자료를 구성하게 된다.

통계 자료도 신문이나 잡지, 또는 TV프로그램이나 다큐멘터리를 보다가 관련된 자료가 나오면 그 즉시 메모해 두었다가 지식 데이터베이스에 넣고는 자료를 만들 때 검색하여 활용한다.

이렇게 준비되지 않은 상태에서 프레젠테이션을 만들려고 한다면 자료준비부터 많은 시간이 들어갈 뿐만 아니라 어떤 자료를 어떻게 찾아내야 할지 막막하게 생각될 수 있다. 물론 자신의 지식 데이터베이스가 있다고 하더라도 자신이 원하는 모든 자료가 다 들어 있다는 보장은 없다. 하지만, 메모의 시작일로부터 오랜 시간 메모를 축적하게 되면 자연스럽게 상당한 양의 자료를 찾아낼 수 있게 될 것이다.

주간 보고서 및 각종 보고서 작성할 때

시간 관리를 주제로 기업에서 강의를 하다 보면 몇 가지 공통점들이 발견되는데, 그 중 하나가 주간 보고서 또는 주간 계획서라는 것이 획일적이라는 것이다. 기본적으로 지난 주에 한 일들 그리고 다음 주에 해야 할 일들로 구성이 되어 있고 기업체마다 추가적인 몇몇 항목들만이 다르게 구성되어 있다.

기업체 강의에서 참석한 직원들에게 '주간 보고서를 작성할 때 지난 주에 했던 일들은 어떻게 작성합니까?' 라고 물어보니 아이러니하게도 참석자의 70%가 넘는 사람들이 기억나는 대로 작성을 한다고 대답했다. 그리고 그 나머지 중 13%만이 할 일들을 메모한 수첩이나 다이어리를 보고 작성을 했다고 대답했다. 경영자 입장에서는 실로 놀랄 수밖에 없는 결과다.

또한 다음 주에 해야 할 일에 대해 작성할 때도 자신의 수첩이나 다이어리를 보고 작성한다고 했던 13%만이 연간계획에 따라 작성을 한다고 했고, 나머지 80% 이상은 지난 주에 마치지 못한 일들을 마무리하기 위해 적어 놓고 나머지는 기억나는 대로 적어놓고 일을 추진한다고 했다. 이 역시 놀랄만 한 결과였다.

이런 주간 보고서는 경영자의 의도대로 직원들이 업무를 목표대로 진행하고 있지 않다는 증거와 같다. 그에 반해 수첩이나 다이어리에 메모한 내용을 참고하여 주간보고를 한 직원들의 경우 자신의 일들을 계획에 따라 차근차근 완료하여 목표에 가깝게 진행하고 있음을 볼 수 있었다.

따라서 자신의 일을 기억력에만 의존하지 말고 항상 수첩이나 다이어리를 통해 그때 상황을 메모함으로써 자신의 일이 어떻게 진행되고 있는지를 파악하고 업무의 방향을 바로잡아 효율적인 업무를 추진하며 주간 보고서 작성 시에도 메모를 통해 자신의 업무 상황을 충분히 보고할 수 있도록 해야 한다. 이로써 자신의 업무진행 능력을 충분히 상사에게 어필할 수 있게 된다.

새로운 아이디어 만들 때

미국의 위대한 지도자로 기억에 남는 링컨 대통령은 게티스버그 연설에서 '국민의, 국민에 의한, 국민을 위한' 이라는 유명한 말을 남겼다. 당시 링컨 대통령은 자신이 대중 앞에서 연설을 하기 위해 자신이 직접 연설문을 작성하여 발표하곤 했는데, 즉석에서 바로 연설문을 생각나는 대로 작성한 것이 아니라 항상 모자 안에 메모지와 필기구를 소지하고 다니다가 자신의 생각이나 떠오르는 말들을 메모해 두었다가 연설문을 작성할 때 참고했다고 한다.

에디슨이 발명한 전구는 현대사회에서 없어서는 안 되는

소중한 도구이다. 메모가 없었다면 전구는 영원히 빛을 볼 수 없었을지도 모른다. 한참 다른 발명에 몰두해 있던 에디슨에게 함께 있던 사람이 '빛을 내는 것을 만들면 어떠냐?'라고 제안하는 말을 듣고, 평소 메모광인 에디슨은 바로 메모해 둔 뒤 한참 만에 메모를 보고서는, 전구를 발명하는 데 많은 시간을 들여 결국 역사 상 최고 발명품 중의 하나를 만들어 냈다.

가곡의 왕이라고 불리는 독일 낭만파의 대표적인 작곡가

인 슈베르트 또한 메모를 통해 지금까지 명곡으로 불리는 많은 곡들을 만들어 냈다. 당시에는 지금처럼 휴대하기 편리한 메모지가 없었으므로 슈베르트는 길을 가다가도 곡에 대한 영감이 떠오르면 그 기억이 사라지기 전에 자신의 코트를 벗어 코트에 직접 메모를 했다가 집으로 돌아와 악보로 옮겼을 뿐만 아니라 친구들과 술을 마시다가도 음률이 떠오르면 계산서에다가 직접 메모하는 바람에 술집주인에게 핀잔을 듣기도 했다고 한다.

이처럼 메모는 또 다른 아이디어를 만들어 낼 때 매우 유용한 도구로 활용되는 수단이 된다.

목표와 계획서 작성할 때

매년 연간목표를 세울 때 어떤 목표를 세울 것인가에 대해서는 이미 생각하고 있던 목표를 세우지만 그 목표량에 대해서는 한참을 고민하는 경우가 많다. 예를 들어 매년 많은 사람들이 개인목표 중에 '독서'를 꼭 집어넣고는 하는데, 말 그대로 목표가 그냥 '독서' 그 자체로 끝나는 경우가 대부분이다.

　독서 그 자체보다는 독서에 몇 권을 읽을 것인지 수량에 대한 것이 들어가야 보다 정확하고 분명한 목표가 된다. 즉 '올해 50권의 책을 읽자!'라고 해야 맞는 목표가 된다. 문제는 평소 책을 잘 읽지 않았던 사람들에게는 '1년 동안 몇 권의 책을 읽을 수 있을까?' 라는 것이 고민이 될 것이다. 물론 평소 책을 잘 읽었던 사람이라면 전혀 고민거리가 되지 않겠지만 말이다.

　필자도 '책은 베개'로만 생각하고 보내던 시절에 마음먹고 책을 읽어보겠다고 목표를 세우려다가 '내가 몇 권이나 읽을 수 있을까?'라는 문제 때문에 다른 사람들로부터 조언을 구한 일이 있었다. 물론 그 조언은 바로 내 메모 수첩에 메모가 되었고, 인터넷을 통해 찾아본 자료를 메모한 뒤 모두 취합하여 독서를 목표로 잡은 첫해 30권의 책을 목표로 하게 되었다. 그 해 목표량은 채우지 못했지만, 일주일 평균 3권의 책을 읽을 수 있게 된 첫 걸음이 되었다.

업무에서도 평소 언론이나 시장조사 등을 통해 메모해 둔 자료가 있다면, 그 자료를 통해 연간목표나 계획을 세울 때 기초자료로 활용되어 보다 가능성 있는 목표와 계획을 세울 수 있게 되므로 그로 인해 효율적인 업무 능력을 발휘 할 수 있게 될 것이다.

메모를 통한 인맥 관리

일을 하다 보면 고객사, 협력사 또는 거래처와 같이 많은 곳의 사람들을 만나게 된다. 이때 서로 인사를 나누며 서로 명함을 주고받는데, 미팅이 끝나고 자리로 돌아와 보면 누가 누구였는지 모를 때가 많다. 필자도 많은 강의를 하다 보니 기업의 교육담당자나 경영자 등을 만나게 되었다. 이때도 명함을 주고받으며 인사를 나눈 뒤 강의에 대한 이야기를 나누는데, 이렇게 모이게 되는 명함을 그냥 정리해 두면 누가 누구였는지 전혀 기억하지 못할 때가 많다.

　필자가 받은 명함에는 언제 어디서 무엇 때문에 만난 사람
이었는지 메모가 되어 있다. 그리고 주소록의 메모 부분에도
그 메모가 그대로 옮겨져 있어 나중에 만날 때 유용하게 활용
한다. 물론 나중에 또 만나게 되었을 때도 만난 사람의 주소
록 메모부분에 메모를 해 두어 하나의 미팅 리스트를 만들어
놓는다. 뿐만 아니라 만난 사람이 무엇을 담당하고 어떤 일을
했으며 향후 필자와 무슨 일을 해야 할지에 대한 코멘트 또한

메모해 두어, 필자가 어떤 일을 하고자 할 때 필요한 사람을 주소록에서 검색하여 찾아 도움을 받기도 한다.

365 매일 쓰는
메모 습관

05

메모가 당신을
프로로 만든다

'프로페셔널', 이 단어가 지금의 당신에게 어울린다는 생각이 드는가? 만일 아니라고 생각한다면 당신도 지금 즉시 메모를 시작해야 할 것이다. 메모는 당신을 프로페셔널로 만들어 줄 수 있기 때문이다. 메모를 작은 것으로 생각하여 무심코 지나치지 않기를 바란다. 큰 것은 작고 보잘것없는 것으로부터 나오는 것이다. 바다는 작은 샘물로부터 시작되고, 뜨거운 햇살을 가려주는 커다란 소나무 또한 작은 씨앗에서 자라난다.

지금 당신이 조직 또는 이 사회에서 작은 존재라고 생각한다면 메모를 통하여 바다와 같이 또는 커다란 소나무처럼 많은 사람들에게 커다란 영향력을 끼칠 수 있을 것이다.

"굿모닝~~~."

먼저 출근해 있는 동료들에게 인사를 하며 출근한 박과장, 자신의 책상 위에 가방을 놓다가 키보드 위에 놓여 있는 서류를 발견한다.

"뭐지? 어라, 신상품 제안서?"

박과장은 이대리가 작성한 신상품 제안서를 한 장씩 넘겨가며 놀라움을 금치 못한다.

"이대리, 이대리 출근했어?"

박과장이 이대리를 찾는 순간, 마침 이대리가 자판기 커피한잔을 들고 들어오는데 박과장이 묻는다.

"야, 이대리 이거 자네가 작성한 거 맞아?"

"그럼, 이 똑똑한 내가 했지…요.'

직원들이 모두 보고 있자 평소 반말을 하던 이대리는 어색한 존댓말로 대답한다.

박과장은 한 번 더 놀란 표정으로 묻는다.

"진짜 자네가 한 거 맞아?"

"어이구, 제가 한 거 맞습니다. 맞고요. 어제 밤새도록 만들었습니다."

"어떻게 만든 거야? 정말 기가 막히네. 이거 잘 하면 대박

나겠는 걸?"

"어젯밤에 자려고 막 자리에 누웠는데 갑자기 뭔가 머릿속
에 떠오르길래 바로 메모했는데 메모한 것을 보니 그냥 잠을
잘 수가 있어야지. 그래서 내 보물창고에 있는 평소 관심 있
던 소재와 제품들을 보며 열심히 메모한 자료와 매칭을 하니
나름대로 멋진 제품 하나가 만들어지더라고."

갖은 폼이란 폼을 다 잡으며 말하는 이대리를 보며 박과장
도 으스댄다.

"역시 내가 수제자 하나는 잘 만들어 놨네, 하하하."

1.정보통이 된다

　메모를 한다는 것은 당신과 당신 주변에 일어나는 일부터 수많은 최신 정보 등을 항상 보유하고 있다는 뜻이 되기도 한다.

　지금도 메이저리그 하면 떠오르는 옛 직장 동료가 있다. 1998년 박찬호 선수가 LA다저스 투수로 15승 9패라는 좋은 성적을 보이던 때에는 많은 사람들이 메이저리그에 관심을 보였다. 하지만, 나는 국내 프로야구 선수들조차도 잘 모르고 있던 때라 다른 사람들처럼 아주 재미있게 경기를 보지는 못했다. 이런 내게 메이저리그 정보통으로 불리던 동료가 메이저리그에 관한 전반적인 것들과 팀 그리고 선수들의 특징까지 자세히 알려 주면서부터 흥미를 가지게 되었고 이전보다 더욱 재미있게 경기를 볼 수 있게 되었다.

　정보통이라고 해서 당신이 일하고 있는 분야에 한하는 것은 아니다. 당신이 일하고 있는 분야의 정보는 당연히 가지고 있어야 하고, 그 밖에 다양한 분야의 정보를 수집하여 가지고 있으면 A가 아닌 A+의 효과를 얻게 된다.

필자가 한 IT 기업에서 일하고 있을 당시 부장님께서 필자 앞으로 두 가지 신문을 넣어 주게 하셨다. 그리곤 틈나는 대로 신문 발행 날짜부터 광고까지 모두 읽게 했다. 처음에는 바쁜 일과에 신문까지 읽으라고 하니 일만 늘어났다고 불평만 늘어놓았지만, 지금 생각하면 부장님 덕분에 당시 사내의 정보통이 되기도 했다.

2.긴밀한 인맥을 얻을 것이다

메모는 일상에 관한 것뿐만 아니라 당신이 알고 있는 사람이나 이제 알기 시작한 사람들과 당신과의 관계를 좀 더 긴밀하게 만들어 놓기도 한다.

처음 만나는 사람은 보통 명함을 주고받으며 통성명을 하는데, 이렇게만 끝난다면 나중에 명함을 보더라도 '이 사람이 누구였더라…'하며 기억을 해 내려고 애를 쓰게 될 것이다. 명함에 그 사람의 특징들을 메모해 두면 나중에 기억하기 좋다. 하지만 여기서 끝나서는 안 된다. 인맥 또한 별도의 주소록 데이터베이스로 만들어 관리해야 한다.

필자는 누구와 미팅 일정이 잡히면 만나기로 한 장소에 나가기 전에 그 사람과 있었던 이전의 내용을 먼저 확인하고 약속장소로 향한다. 이전에 언제 만났고 무슨 이야기들을 했는지에 대한 내용이다. 미팅이 끝나면 만난 사람의 주소록 메모

자리에 만난 날짜와 이야기한 내용들을 업데이트하여 다음 미팅에 활용한다. 일반적으로 만난 지 얼마 되지 않았던 사람이 자신을 기억하고 알아봐 주면 기분이 좋다. 그만큼 자신에게 관심을 가지고 있다는 말이 되기 때문이다.

3.창의적인 인재가 된다

레고 블록을 보면 각양각색의 모양을 가지고 있다. 블록의 개수가 적으면 작은 것을 만들 수밖에 없고 많으면 많을수록 다양하고 큰 것을 만들 수가 있다. 메모 또한 레고 블록이라고 생각하면 이해하기가 쉬울 것이다. 평소 관심 있는 분야이거나 현재 일하고 있는 분야에 관련된 것들을 얼마만큼 메모해 두느냐에 따라 좀 더 새로운 것을 만들어낼 수 있느냐 없느냐가 결정된다.

메모에 관한 강의에 참여했던 산업디자이너가 있었는데, 어느 날 필자에게 전화를 해서 식사 제안을 하는 것이었다. 식사를 하면서 그는, 메모 강의를 듣고 나서 평소 그냥 지나쳤던 것들을 메모하기 시작했고 메모한 내용을 데이터베이스로 만들어 제법 많은 자료들을 가지게 되었다고 한다. 때마침 한 업체로부터 제품에 대한 디자인 의뢰가 들어와 5개 정도의 디자인 안을 완성해 보여 주었지만, 만족하는 디자인이 없어 고전하던 중 자신의 데이터베이스 안에 있던 자료들을 보다가 몇 가지 재미난 디자인이 있어 이를 응용, 새로운 디자인을 하여 바로 계약을 했다고 필자에게 감사의 의미로 식사 대접을 하는 것이라고 했다.

또 자동차 영업사원으로 일을 하던 한 사람은 평소 영업 및 마케팅에 관한 자료란 자료는 모두 메모해 두었다가 남들이 하지 않았던 새로운 영업 방식을 만들어 전년에 비해 30여 대를 더 판매했다고 메일을 보내오기도 했다.

창조는 모방에서 나온다는 말이 있듯이, 새로운 것을 만들어내려면 무에서 유가 나오는 것보다는 유에서 유가 나오는 것이 훨씬 수월할 것이다. 이렇게 평소 보유하고 있던 데이베이스가 바로 메모의 실체인 것이다.

4.균형 있게 역할을 해낼 수 있다

우리는 인생을 살아가면서 여러 가지 역할을 수행하고 있다. 회사에서는 동료로서, 후배로서, 상사로서의 역할을 수행하고 있고, 집에서는 가장으로서, 아빠 또는 엄마로서, 자녀로서의 역할도 있다. 사회에서는 친구로서, 지인으로서의 역할 또한 수행하고 있다.

이렇게 많은 역할을 수행하다 보면 관계의 무게중심이 어느 한쪽으로 늘 기울어지기 마련이다. 회사 일을 열심히 하다 보면 가정 일이 소홀해지고 반대로 가정 일을 열심히 하다 보면 회사 일이 소홀해진다. 이런 문제 때문에 고민이 많거나 어느 한쪽이 깨지기까지 하는 일도 빈번히 벌어지곤 한다.

메모가 이런 문제를 완전히 해결해 낼 수 있는 것은 아니지만, 어느 정도 균형을 맞추어 주는 데 큰 역할을 한다. 필자의 지식 데이터베이스 안에는 가족과 친척들의 기념일이 모두 들어가 있다. 그리고 때가 되면 자동으로 알려줄 수 있도록 하여 선물을 가지고 방문하거나 최소한 전화를 통해 축하 또는 안부를 묻기도 한다. 집안 일들 또한 항상 메모를 해 두어 하나씩 해결해 가는 방식을 통해 큰 걱정거리나 문제가 되지 않게 하여 가장으로서의 역할을 충실히 할 수 있게 되었다.

이처럼 필자는 삶 자체를 좀 더 넓게 보도록 하는 도구로 메모를 활용하고 있다.

여러분도 메모를 습관화하고 그것을 항상 체크하며 계획하고 실천해 나간다면, 직장에서든 가정에서든 학교에서든, 지금보다 훨씬 알찬 생활을 할 수 있으리라 확신하며, 그것이 성공을 향한 매우 중요한 요소가 될 것임을 믿어 의심치 않는다.

뭔가 궁금해 하는 표정으로 이대리가 박과장에게 묻는다.

"박과장, 너는 이렇게 중요한 걸 어디서 배웠어?"

"조코치님에게 배웠지."

"뭐, 초코칩?"

"으이그…, 너는 나이가 몇 살인데 아직도 먹는 것 밖에 모르냐? 초코칩 말고 조코치. 입사 전에 메모에 관심이 있어서 인터넷에서 찾아 봤지. 거기에 조코치님이 운영하는 블로그

가 있어서 들어가 봤더니 메모 말고도 좋은 글들이 있어서 읽다가 메모에 대해 배울 수 없냐고 메일을 보냈더니 바로 흔쾌히 가르쳐 주겠다고 답장이 와서 배우게 됐지. 덕분에 너보다 빨리 과장으로 진급할 수도 있게 되었고."

"아니, 그걸 너 혼자만 알고 있었단 말야? 치사한⋯."

"야, 부장님 떴다."

박과장의 말을 듣고 놀라 뒤를 돌아본 이대리. 순간 속은 걸 깨닫고 앞을 보니 이미 박과장은 도망치고 있다. 그런 박과장에게 이대리는 큰 소리로 외친다.

"아무튼 고맙다, 박과장~."

급격히 변화하는 시대, 즉 자고 일어나면 어제와 또 다른 세상이 펼쳐지고 있는 것이 현실이다. 여기에는 수많은 정보뿐만 아니라 이를 활용할 수 있도록 하는 도구 또한 급속히 발전하고 있기 때문에 새로운 것을 받아들이는 것조차도 쉽지 않다.

요즘 회의장 또는 세미나 장소에서는 노트북이나 스마트폰을 이용하여 메모하는 사람들을 흔하게 볼 수 있다. 이 같은 도구의 변화에 따라, 메모도 기존의 아날로그 도구에서 점차 디지털 도구의 사용으로 변화되고 있는 것 또한 사실이지만, 아직은 메모에 대한 표현의 한계가 있고 인간의 감성적인 부분을 살려내지 못하기 때문에 디지털이 차지할 수 있는 부분은 아직 가야 할 길이 멀다고 생각된다.

그렇다고 아날로그만을 고집하고 있을 수만은 없다. 계속되는 변화에 적응하지 못하거나 그것을 배척한다면 분명 사회에서 도태될 수밖에 없기 때문이다. 따라서 자신에게 편리하다고 생각되는 부분부터 차분히 디지털로의 변화를 고려

해 봐야 할 것이다.

디지털로의 변화는 실로 많은 것들을 변모시키고 있다. 한 가지 예를 들자면, 인맥을 중요시하는 우리 사회에서 명함이라는 도구는 자신을 알리는 수단으로 활용되어왔다. 하지만 한 장의 명함에 '자신이 누구이고 어떠한 일을 하고 있으며, 내 관심사는 어떤 것들이다' 라고 넣기에는 명함의 공간이 너무나 작아서 불가능했지만, 디지털의 세계가 이런 것을 말끔히 해결해 주었다. 명함에 기본적인 정보와 자신의 블로그 주소를 하나 더 넣기만 하면, 관심 있는 사람은 분명 상대의 블로그에 들어가 볼 것이기 때문이다. 또한 이렇게 관심 있는 사람들끼리 끈으로 엮는 SNS(Social Network Service)가 활발하게 움직이고 있으므로 명함의 중요성은 점차 사라지게 되고 있다.

필자도 디지털을 중심으로 모든 일들을 처리하고 있고 외부에서는 스마트폰을 통해 간단한 업무들을 처리하고 있다. 메모도 스마트폰을 통해 간단한 메모만을 하고 있지만, 앞으로 기술이 어떻게 변화하느냐에 따라 디지털로 완전히 바뀔 수도 있을 것으로 생각된다.

하지만, 디지털로의 변화가 우리의 생활을 완전히 바꾸어 놓지는 못한다. 왜냐 하면 메모의 측면에서 본다면, 사람이 직접 작성하지 않으면 아날로그이든 디지털이든 메모 자체가 존재하지 않기 때문이다.

이 책에서 수없이 강조한 부분을 다시 요약하자면,

첫째, 어떤 정보나 아이디어이든 무조건 메모해야 한다.
둘째, 처음부터 잘 하려는 욕심을 버리고 항상 메모하는 습관을 키운다.
셋째, 메모를 용도에 맞게 잘 분류한다.
넷째, 분류한 메모를 적재적소에 잘 활용한다.

어쩌면 필자는 이 네 가지를 여러분께 알려드리기 위해 앞에서 수많은 예를 들어 가며 열심히 말씀 드린 것일지도 모른다. 그만큼 위의 네 가지 메모의 원칙은 중요한 것이다. 여러분이 이 네 가지를 철저히 지켜서 실행한다면, 적어도 일 년 이상 이것을 실천한다면 여러분의 인생은 서서히 좋은 방향으로 발전할 것이며, 진정 후회 없는 인생을 살 수 있을 것이다. 모쪼록 이 책을 읽은 분들에게 자신이 만들어 놓은 행운이 함께 하기를 기원하는 바이다.

"**자네는** 내 말을 뭘로 아는 거야? 도대체 일을 하라고 한 게 언젠데 아직도 결과물을 안주는 거지?"

"죄송합니다, 과장님. 과장님께서 하라고 한 건 기억나는데 정확히 어떻게 하라고 한 건지 기억이 나지 않아서 못했습니다."

"어이구, 그러게 자네 입사 때부터 내가 뭐라고 했어? 메모하라고 했지? 메모!"

박과장의 도움으로 어느새 메모의 달인이 되어 멀어 보이기만 했던 과장으로 승진한 이과장이 과거 자신의 모습과 비슷한 신입사원에게 메모의 중요성에 대해 열변을 토하고 있는데, 이 광경을 지켜보던 박본부장이 웃으면서 이과장에게 말을 건넨다.

"어이, 이과장 좀 살살해라. 신입사원을 초반부터 기를 그렇게 죽여서야 되겠냐?"

"왜 그러시나요? 본부장님도 만만치 않았어요. 조만간 그 자리 제가 올라갈 테니 본부장님도 노력하세요."

"야, 정말 많이 달라졌네. 벌써 내 자리가 위험한 걸 보니. 어디 한번 따라와봐."

이과장의 놀라운 발전을 보며 자연스럽게 어깨가 으쓱해지며 박본부장은 의자를 손으로 가볍게 털고 앉아 가벼운 미소를 짓는다.

이과장은 계속해서 신입사원에게 열띤 훈계 아닌 강의를
하고 있다.

"나도 너만할 때 내 머리만 믿고 있다가 매일 보기 좋게 윗
분들께 터지고 살았다. 하지만 지금 봐, 이렇게 과장이라는
타이틀을 달고 있잖냐. 이거 무조건 노력만 한다고 될 수 있
는 거 아니다. 너를 위해 한가지 방법을 일러주마. 그 방법은
바로 메모야."

"메모요? 메모가 성공하는데 도움을 준다고요?"

도움을 준다는 이과장의 말에 잔뜩 기대에 부풀어 있던 신
입사원의 얼굴엔 실망한 듯한 표정이 역력하다. 하지만 애써
감추며 일단 이과장의 말에 귀를 기울여 보려고 노력한다.

"그래, 메모. 나도 그때는 지금 너처럼 어처구니없는 표정
을 지었지만, 지금의 내가 그 증거다. 오늘 저녁에 시간 비워
봐, 나하고 문구점에 가자."

"문구점은 왜요?"

"메모를 하려면 수첩이 있어야 할 것 아니냐. 그러니 군말
말고 따라와, 알았지?"

신입사원은 마지못해 알았다고 하고는 자신의 자리로 돌

아가며 이해할 수 없다는 표정을 계속 짓는다.

그 때 이과장의 책상에 놓여 있는 전화기에서 벨이 울리자 수첩에 뭔가를 메모하다가 서둘러 받는다.

"네, 이과장입니다."

"경영기획실 조대리인데요, 지난번 제안하신 프로젝트건에 이과장님이 팀장으로 진행하기로 결정되었습니다. 그러니 내일 2시에 프로젝트 진행 건에 대한 회의 준비하라고 사장님께서 전해 달라고 하십니다."

"뭐, 진짜야? 야호!"

뜻밖의 소식에 매우 흥분한 이과장은 전화기를 제대로 내려놓지도 않은 채 두 손을 번쩍 들면서 큰소리로 만세를 연이어 외친다. 이 광경에 놀란 박본부장이 뭔가 좋은 일이 벌어진 것을 직감하고는 큰소리로 말한다.

"축하하네, 이과장."

"이게 모두 다 박부장님 덕분입니다. 메모에 대해 알려 주시지 않았다면 지금도 만년대리를 면치 못했거나 어디서 헤매고 있었을 겁니다. 정말 감사합니다."

이과장은 진심으로 감사하는 눈빛으로 박본부장을 바라보며 깊이 고개를 숙인다.

책 속의 책

프랭클린플래너
120% 활용하기

책
속의
책

《프랭클린플래너 120% 활용하기》

• • •

요즘 길거리를 활보하거나 미팅 또는 회의에 들어가게 되면 프랭클린플래너를 사용하는 사람을 자주 볼 수 있다. 필자의 직업이 시간관리 강사이다 보니 그냥 지나치지 못하고 잘 사용하고 있는지 한 번씩은 꼭 물어보곤 하는데, 대부분의 대답은 그냥 다이어리처럼 사용한다고 한다는 것이었다.

필자는 왜 프랭클린플래너를 그렇게 사용하느냐고 물었다. 대답인즉 '복잡하다, 어렵다, 회사에서 주어서 그냥 쓴다' 라는 것이었다. 실제로 몇몇 사용자의 플래너 속을 보니 좌측에 있는 일정 및 할 일 부분은 비워져 있고 오른쪽에 있는 일일 계획 부분에만 여러 가지 메모가 되어 있는 것을 볼 수 있었다. 심한 경우에는 플래너 속지가 아닌 일반 다이어리 속지나 메모만 할 수 있는 속지로 채워져 있는 경우도 있었다.

이 책을 읽고 있는 독자들 중에서도 프랭클린플래너를 사용하는 분들이 많을 것으로 생각하여 플래너를 보다 효율적이고 또 충분히 활용하여 자신의 시간관리 및 메모활용에 도움이 되고자 한다.

1.자신의 플래너를 날씬하게 만들어라

플래너를 오래 쓰지 못하는 이유 중 하나가 플래너가 뚱뚱하거나 무거워서 휴대하기를 꺼려하다 보니 결국 서랍 속에서 빛을 보지 못하게 되기 때문이었다. 그러나 간단한 방법으로 해결할 수 있는 문제이기 때문에 서랍 속에 넣어둔 플래너가 있다면 지금 꺼내 날씬하게 만들기 바란다.

플래너를 처음 구입하게 되면 다른 다이어리와 달리 박스에 들어가 있는 것을 볼 수 있다. 이 박스 안에는 프랭클린플래너의 구성품으로 가득 차 있는데 플래너를 활용하기 이전에 설명서를 먼저 읽어가며 플래너를 조립하게 된다. 대부분의 사용자는 설명서에 나와 있는 그대로 플래너를 조립하게 되는데, 그대로 따라 하게 되면 뚱뚱한 플래너의 모습을 보게 된다. 여기에 몇몇 기능성 액세서리까지 더하게 되면 휴대할 엄두가 나지 않게 된다.

실제로 오랜 기간 동안 플래너를 사용해온 사람들의 플래너를 보면 꼭 필요한 속지 외에는 모두 빼 놓고 사용하고 있는 것을 볼 수 있다. 필자도 플래너에 반드시 있어야 할 것들을 제외하고 나머지는 보관케이스에 담아 둔다.

프랭클린플래너에서 빠지면 안 되는 사명서, 가치 그리고 역할 부분은 포스트잇에 메모하여 플래너의 앞부분에 붙여두면 한눈에 파악할 수 있을 뿐만 아니라 심플한 플래너를 만드는 데 큰 역할을 하게 된다. 주소록의 경우 대부분 휴대폰에 넣어 두기 때문에 플래너에서 별도의 주소록을 넣는 것은 비효율적이므로 빼 두는 것이 좋다.

연간 목표의 경우 작은 플래너 속지에 모두 넣을 수 없으므로 커다란 A4용지에 메모를 하거나 프린트하여 잘 보이는 곳에 붙여 두는 것이 효과적이다. 이런 목표를 보고 매월 맨 앞장에 있는 월간목표 자리에 한 달에 단 한 번 옮겨 적으면 되므로 굳이 자리를 잡아가며 넣어 둘 필요가 없다. 만일 꼭 넣어두고 확인하고자 한다면 이 또한 포스트잇과 같은 메모지에 메모하여 붙여두는 것이 좋다.

필자의 플래너에는 표지, 2010년 월간달력, 그리고 3개월 분의 플래너 속지만 들어가 있다. 3개월 분의 플래너 속지 구성은 이렇다. 지금이 10월이면 중간이 10월 속지이고 앞쪽에

9월 그리고 뒤쪽에는 11월 속지를 넣어둔다. 이렇게 하면 두 가지 장점이 있는데, 첫 번째는 9월의 일정이나 메모를 확인할 수 있고 11월의 약속을 미리 체크해 둘 수 있으며, 두 번째는 오늘 부분을 펼쳐 놓아도 높이 균형이 맞기 때문에 메모를 하는 데 불편함이 없다. 이미 경험해 본 사람이 많을 것이라 생각되는데 어느 한쪽이 높게 되면 메모를 하는 데 그만큼 불편하게 된다.

2.기본 플래닝 방법에 충실하라

플래너는 시간관리 방법에 가장 잘 맞게 구성이 되어 있다. 사명, 가치와 역할 그리고 장기 목표까지 잘 구성할 수 있도록 되어 있어서 이것을 통해 월간, 주간, 일일 목표와 계획을 세울 수 있게끔 되어 있을 뿐만 아니라 실행력을 높여 주는 데에도 커다란 역할을 한다. 이처럼 시간관리에 대한 프로세스를 잘 이해하고 있는 사람의 경우 아주 좋은 도구로 활용할 수 있다.

그러나 이제 막 프랭클린플래너에 입문하거나 좀 더 단순하게 활용하고자 하는 사람들은 어떻게 써야 할지 몰라 플래너로서의 기능을 포기하는 경우가 발생하기도 한다. 이럴 때는 반드시 원칙적인 사용법을 주장하기보다는 좀더 쉽고 간단한 방법을 활용한다면 프랭클린플래너를 기분 좋게 활용할 수 있다.

플래너를 잘 활용하고자 한다면 가장 먼저 해야 할 것이 **메모하는 습관을 들이는 것이다.** 플래너에 기입해야 할 것이 기본적으로 일정과 할 일인데 메모하는 습관이 있지 않으면 이마저 쉽게 지나칠 수 있기 때문이다. 오른쪽에 있는 '오늘의 기록사항'은 말할 것도 없다.

두 번째는 **매일 일일계획을 위한 시간을 정해놓아야 한다.** 이 시간이 당신 하루의 결과, 더 나아가 한 해의 생산성을 결정하는 매우 중요한 시간이기 때문이다. 아무리 좋은 목표와 계획을 세워 두었다고 하더라도 일일계획을 부실하게 세우거나, 아예 세우지 않는다면 당신의 1년은 허무하게 지나가게 될 것이다. 필자는 매일 아침 일을 시작하기 전에 습관적으로 일일계획을 수립한다.

세 번째, 먼 곳에 있는 목표를 생각하기 이전에 우선 가까운 그리고 현실적인 목표를 염두에 두고 플래너를 활용하기 바란다. 가까운 목표라면 수일 내에 플래너를 활용하여 목표가 달성되는 것을 경험할 수 있기 때문이다. 이보다 더 좋은 동기부여가 어디에 있겠는가? 따라서 연간목표 이전에 월간목표를 핵심으로 삼아 심플한 플래닝을 하면 좀더 쉽게 플래너를 활용할 수 있게 된다. 아무리

심플한 플래닝이라 해도 기본 원칙을 지켜야만 결과를 볼 수 있으므로 항상 주간계획을 수립할 때는 월간목표를 반드시 확인한 후 그에 따른 주간계획을 세우고 일일계획 역시 주간계획을 확인한 뒤 일일계획을 세워야 한다. 이런 원칙에서 벗어나기 시작하면 배가 산으로 가는 것을 반드시 경험하게 될 것이다. 절대 권하고 싶지 않은 결과이다.

네 번째, 일일계획도 순서가 있다. 플래너 속지 왼쪽을 보면 할 일과 일정을 넣는 자리로 되어 있는데, 대부분의 사람들은 일일계획을 수립할 때 가장먼저 할 일을 적어 놓고는 오늘 일정에 자신의 스케줄을 끼워넣는 오류를 범하고 만다. 이런 일일계획은 살인적인 하루 일과를 만들어 내기 때문이다. 하루 평균 조직에서 자신에게 주어진 시간은 8시간(법정 근로시간 기준)인데 이 시간을 잠재적으로 두고 할 일을 작성한 다음 8시간 동안 해야 할 일을 배제한 스케줄을 잡기 때문에 살인적인 일과가 된다. 그렇지 않으면 항상 할 일에 기입한 일들을 반도 마치지 못한 채 하루를 마감하는 경우가 대부분일 것이다. 하루 일과를 깔끔하게 끝내기 위해서는 일일계획 시 일정부터 체크하고 기입하기 바란다. 예를 들어 오늘 회의가 1시간, 외부 미팅이 2시간 (오고 가는 시간 포함) 총 3시간이 일정에 소비된다고 하자. 그러면 3시간을 제외한 5시간이 실제로 사무실에 앉아 일을 할 수 있는 시간이므로 이에 맞추어 할 일을 계획하면 된다

다섯 번째로 1년이 지날 때마다 플래너 속지를 다른 디자인으로 교체한다. 매번 같은 디자인의 속지를 사용하다 보면 어느새 너무 익숙해지거나 지루함을 느끼는 경우가 있다. 하지만 매년 다른 속지를 사용하게 되면 늘 새로운 플래너를 사용하는 느낌을 받을 뿐만 아니라 좀더 멋진 자신의 플래너를 만나게 될 것이다.

여섯 번째, 한 달이 지나면 사용했던 달의 맨 앞에 있는 '찾아보기' 즉 인덱스 탭에 중요한 메모가 들어가 있는 것들을 기입해 놓기 바란다. 이렇게 기입해 두면 나중에 자신이 찾고자 하는 메모를 보다 쉽게 찾을 수 있으므로 메모의 활용을 최대화할 수 있다.

일곱 번째, 때로는 이것도 저것도 아무것도 하기 싫을 때가 있다. 보통 이럴 때 일일계획은 커녕 플래너조차도 휴대하지

않게 되는데 머릿속으로는 '일일계획을 해야 하는데…'라는 생각을 하며 스스로 부담을 가지게 되는 경우가 있다. 이렇게 부담이 쌓이다 보면 결국 플래너를 서랍 깊은 곳에 넣어버리기 때문에 이런 날은 편하게 그냥 두는 것도 한가지 방법이라면 방법이 될 수 있다. 필자 또한 깨끗한 하루의 페이지를 보며 '여백의 미'라고 스스로 위로하는 날도 종종 있다.

3.위클리컴파스 재미나게 쓰기

프랭클린플래너 구성요소 중 중요한 포지션을 차지하고 있는 것이 '위클리컴파스'이다. 이를 굳이 우리말로 표현하자면 '주간 나침반'이라고 할 수 있는데, 말 그대로 한 주간 동안 자신이 가야 할 방향을 알려주는 역할을 한다. 이 때문에 위클리컴파스는 책갈피 형태로 되어 매일 오늘이라는 자리에 자리를 차지하게 되는데 이를 보고 일일계획을 수립하라는 것이다.

위클리컴파스를 구성하고 있는 것을 보면 한 주간의 날짜, 역할 목표로 되어 있다. 먼저 날짜를 보자. 날짜는 보통 일하는 날을 기준으로 하여 월요일부터 금요일까지를 주간으로 잡는 사람들이 제법 있다. 하지만, 플래너는 회사 업무 외 개인적인 목표 달성 또한 중요시하고 있기 때문에 월요일부터 일요일까지 한 주간을 전체로 잡는 것이 좋다.

역할에 앞서 눈 여겨 볼 것이 있는데 '신체적', '사회/감정적', '정신적', '영적' 이라는 아리송한 것이 있다. 이것은 온전히 자신만을 위한 한 주간의 목표를 세우는 곳이다.

'신체적'은 자신의 신체를 건강하게 하라고 하는 것이므로 주로 운동에 관한 목표를 세우면 좋다. 예를 들어 '매일 조깅 30분 뛰기'나 '폭식하지 않기'와 같은 목표를 세워두고 이를 매 주마다 변경하여 실행해 나가면 어느새 건강한 자신을 확인할 수 있게 될 것이다.

'사회/감정적'은 사회에 기여하는 것이라고 생각해도 좋다. 봉사활동이라든지, 자신의 인맥에게 메일이나 전화 안부를 하는 것도 좋다.

'정신적'은 독서와 같은 자신의 지식을 쌓아 가거나 교양을 수양함에 있어 도움이 될 수 있는 것들을 목표로 하는 것이 좋다.

'영적'은 자신의 내면의 안정을 위한 것으로 종교가 있는 사람은 종교적인 것, 기도나 예배와 같은 것이 좋겠고, 그렇지 않은 사람들의 경우 명상과 같이 자신의 마음을 차분하게 만들어 줄 수 있는 것도 좋다.

이러한 심신단련 부분을 잘 활용한다면 늘 건강한 신체와 더불어 맑은 정신력을 항상 유지할 수 있으므로 자신이 하는 일에 집중력을 더할 수 있어 효율을 상당히 높일 수 있게 된다.

이제 주간계획을 넣는 공간인데, 처음 보는 사람이라면 매우 생소한 공간이라고 느낄 수도 있다. 주간계획이라고 하여 계획을 넣는 것이라곤 역할과 목표뿐이기 때문이다. 여기에 역할은 자신이 수행하고 있는 역할 별로 나누는 곳이다. 예를 들어 회사에서의 자신의 위치, 즉 팀장이거나 팀원 또는 CEO로서의 역할을 넣고 그에 맞는 주간 목표를 넣는다. 그리고 또 다른 역할, 즉 집에서 가장으로서의 역할이나 아버지 또는 남편, 아들, 딸 등의 역할로 나누어 볼 수 있다. 이렇게 역할별로 주간계획을 세우게 되면 회사 일 뿐만 아니라 개인의 목표를 세워 좀더 먼 미래를 만들어 갈 수 있게 한다.

조병천 (조코치)

한글과컴퓨터, 두산정보통신, 아이네트 등에서 근무했으며, 한국리더십센터
디지털플래닝 및 시간관리 강사를 역임했다. 현재 자기계발 코치, FPUG.org
대표이며 시간관리, 디지털 시간관리, 커뮤니케이션과 리더십 등에 관한 전
문 강사로 활약하고 있다.

365 매일 쓰는 메모 습관

초판1쇄발행 2009년 9월28일
초판7쇄발행 2010년11월22일

지은이 조병천
기획 · 디자인 더청연

펴낸이 박찬후
펴낸곳 북허브

주소 서울시 마포구 합정동 397-7, 201호
전화 02-3281-2778
팩스 02-565-6650
e-mail book_herb@naver.com
http://cafe.naver.com/book_herb

*잘못된 책은 구입하신 서점에서 바꾸어 드립니다.

값 10,000원
ISBN 978-89-961905-2-3 (03310)